本书从属如下国家自然科学基金资助项目：

国家自然科学基金资助项目：51208089；国家自然科学基金资助项目：51178095

百宝工具箱

西方古典建筑元素组合原理与形式逻辑理论

［著］（意）马可·德诺西欧

［编译］姜清玉　吴锦绣　姜　蕾

U0242415

东南大学出版社·南京

图书在版编目（CIP）数据

百宝工具箱：西方古典建筑元素组合原理与形式逻辑理论 /（意）德诺西欧（Trisciuoglio,M.）著；姜清玉，吴锦绣，姜蕾编译 . — 南京：东南大学出版社，2015.9
ISBN 978-7-5641-5706-7

Ⅰ.①百… Ⅱ.①德… ②姜… ③吴… ④姜…
Ⅲ.①古典建筑 – 建筑设计 – 西方国家　Ⅳ.① TU-091

中国版本图书馆 CIP 数据核字（2015）第 091183 号

百宝工具箱：西方古典建筑元素组合原理与形式逻辑理论

出版发行：东南大学出版社
社　　址：南京市四牌楼 2 号　邮编：210096
出 版 人：江建中
责任编辑：姜　来　魏晓平
封面绘图：马可·德诺西欧
网　　址：http://www.seupress.com
电子邮箱：press@seupress.com
经　　销：全国各地新华书店
印　　刷：南京玉河印刷厂
开　　本：700mm×1000mm　1 /16
印　　张：10.5
字　　数：112千字
版　　次：2015年9月第1版
印　　次：2015年9月第1次印刷
书　　号：ISBN 978-7-5641-5706-7
定　　价：36.00元

本社图书若有印装质量问题，请直接与营销部联系。电话：025-83791830

Introduction to the Chinese Edition

One year ago, during a meeting with my PhD. students (they are all Chinese, since five years), I had a dialogue with Jiang Qingyu, who now is the compilor of this book. "Why you use chopsticks to eat and on the contrary we use fork? Let's try to understand: the goal is the same (eating), the tools are different, but tradition and culture (and ours are different) play the most important role in giving shape to one (or two) of our daily life objects".

The result was a funny sketch, that still nowadays is there, exhibited on the door of my bookcase in the School of Architecture of Torino.

Later I found a little book, written by a great western scholar of the last century: Roland Barthes. The book is *The Empire of Signs* (Paris, 1970), the Author wrote it after a travel in Japan and in one of the first chapters he explained in an extraordinary way the difference between chopsticks and forks as the difference between two cultures, to ways, to face and to treat nature, two conceptions of food.

What's great in Roland Barthes' book is that it is easy to read, even if it's treating complex questions.

Nothing is so hard like trying to use simple words and sentences in explaining complex topics. Architecture is a practice, Men use to do it since the beginning of their life on the earth, looking for a repair, escaping from the rain or from the too warm sun in a summer day. Men learnt to build and their building created, day by day, century by century, the shapes of architecture.

When I wrote this book in the original version in 2008, I tried to reach the minds and the souls of my younger students in the

Bachelor program. That's why I used simple words (and it is always very hard for a professor). Now I don't know (I cannot realize it) if this Chinese version is the same, but I hope yes and I hope to touch also the souls and the minds of "my" new Chinese students. This hope is more than just a hope: I believe in the relationships between China and Italy since a lot of time and I know that there is also a kind smile whenever in China I repeat : "My name is Marco, like Marco Polo".

I must say thanks to the Italian Publishing Company Carocci (Rome), who gave me the copyright for PRC, but overall I have to give a hug to my Chinese Friends: The vice president of Southeast University Press Mrs. Dai Li,Professor Wu Jinxiu,Professor Bao Li,editor Jiang Lai and editor Wei Xiaoping. And also to my Chinese teamwork in Torino (most of them coming from Nanjing). Yu Wenwei is in my heart, with Yao Yanbin, Yang Xiaoshan, Jiang Lei, Ma Cheng and among them Jiang Qingyu: without her this Chinese book would not be in your hand, my kind reader, and so " 谢谢大家 ".

Marco Trisciuoglio
Torino, 30 november 2014

目 录
CONTENTS

序　幕
Prelude

这是菲拉雷特（Filarete）的一幅绘画作品，画中的亚当，带着绝望的姿态，站立在一小块地壳之上，迎接着来自宇宙的历史性的第一场雨的洗礼。

安东尼奥·阿韦利诺（Antonio Averlino）[①]，实际名为菲拉雷特，是 15 世纪著名的建筑师。他出生于佛罗伦萨，在罗马修炼钻研成就事业，最后来到米兰定居终了一生。他的理想城市：斯福尔扎皇家廷[②]的设计，体现了他艺术的成熟。在此期间他以新颖的形式，撰写了一本建筑专著。这本专著以小说的形式展开对话，犹如古希腊哲学家柏拉图的一问一答的风格，描述了一个虚构的城市，许多故事交织在一起就像建筑师关于小镇的梦境和幻想，构筑了《建筑史概论》里所描述的古希腊废墟中第一个城池的原型。

在小说开头，菲拉雷特提出一个有趣的话题。那就是，建筑师是自己探索建筑根本原则的一群人。为了证明这一点，菲拉雷特引入了被逐出伊甸园的亚当的案例。亚当面临这迫不得已的困境，使他必须迅速成长为建筑师，通过从事建筑事业来得到一个栖身的小屋。

---

① 安东尼奥·阿韦利诺（即 Antonio di Pietro Averlino，简称 Antonio Averlino，约 1400—1469），历史上也被称为菲拉雷特(Filarete)，是文艺复兴时代佛罗伦萨籍的著名建筑师、雕塑家、建筑理论学家。

② 斯福尔扎皇廷（Sforzinda）：是安东尼·阿瓦尼诺设计的一座理想城市的方案，是为弗朗切斯科·斯福尔扎（Francesco I. Sforza）大公设计的都城。这座理想城市后来并没有建成。城池拥有圆形的护城河，护城河环绕八角的城墙。城池平面带有中世纪数理学和星相学的含义，同时展现文艺复兴初期几何学的平面构成形式，如同呼应柏拉图的理想之城"亚特兰蒂斯"（Atlantis）。安东尼·阿瓦尼诺设计的斯福尔扎皇廷城池的设计理念是构筑完美的社会形态，采用对称、优美的几何语汇，是典型的文艺复兴人文主义建筑师的手法。

在图画中，亚当没有立足之地。他表现出了作为世界上第一个男人应有的寂寞。今天的读者还记得，安东尼·德·圣艾修伯里的现代派小说作品中那位站在星球上的小王子，那种在小星球上茕茕孑立的无助感。当然圣经中的人物显得更沉稳，亚当呈现出带着神职的姿势。在书中菲拉雷特认为亚当手的姿态说明了一切，他的手遮挡着头顶，这是一种古老的意象，是一个明确的绝望的姿势。同时，在他头顶之上，厚重的云层正在压来，雨点已经落下，渐成滂沱。

图示明了地反映了人的自然需求，首先是迫切需要找到一个庇护所，更确切的说法是在有限的土地资源上，寻求建立一个满足生活和情感的安身立命的家园的最大可能。

菲拉雷特的分析是非常有启发性的，为了更好地理解他书中的含义，我们可以用简单的图示给读者一个直观的亚当映像：

当亚当被逐出伊甸园，天空大雨倾盆。无助的亚当只能用手遮挡在头上来保护自己的身体。这是亚当的本能，用手作为建筑中的屋顶。这也是人类对住宅的原始需求，在自然界中，建筑给予人类基本的抵御自然雨雪风霜的能力。

因此，亚当的姿态不仅仅是内在绝望心理的外在表征，而且是具有建设性的行为。"双手形成屋顶般的姿势"是亚当为了免受风吹雨打的一种发明创造，在条件极为有限的情况下，建筑师亚当使用的建材是他自己的身体。

建筑师在设计的过程中，常常需要将人的需求从纷繁的世界中抽象出来。在菲拉雷特的书中，建筑设计的灵感来源于对人类需求的探索，是会随着外在的时空和环境增长的。

而建筑本身是由一系列建筑元素和元素之间多样的组合方式所构成的。西方古典建筑学科常常被比喻为语言学，由词汇和语法所构成。西方古典建筑构成的基本元素（墙、支撑梁、拱券等等，以多样的组合方式，形成特色鲜明、形象丰富的古典建筑），也就如同西方拉丁语系的组成及其句法一般，根据植入的语法结构进行有规律的多样组合。典型例子如柱式的柱首、柱身、柱基，或者外墙的三段式组合等等。

西方古典建筑的构成体系是源于科学逻辑的递推。在建筑布局的研究中，建筑师始终以历史传承为己任。因此，西方古典建筑在至少 500 年间逐步形成一种逻辑性的代码。这种古典建筑的逻辑在 15 世纪的欧洲已经初具规模，即使在进入 20 世纪后，前卫的现代建筑中依旧体现这些代代传承的建筑逻辑。

本书的第一章将简短介绍建筑构成的基本元素，通过分解各种构件，来读取建筑的形式与功能。采取将建筑化整为零、各个击破的研究方法，目的是让学生快速地领悟：建筑的基本内涵源自于功能和实用。这些分析为第三章的空间和体量组合方法打下坚实的基础。

书中通过"分解—重构"逐步解析了构成原理，帮助读者了解西方建筑内在逻辑，掌握分析西方建筑系统的能力。

前三章节的研究与分析，都是为了在读者的脑海里架构一个西方建筑学构成逻辑的基本矩阵。这不是具象的一幅图画或场景，而是在客观世界中提炼出来的抽象的设计公理或定理。古往今来的建筑作品将这些公理和定理千锤百炼，加以验证。为了让大家更直观地理解，在书中的第四章节，我将分析十个闻名世界的建筑案例，与读者共同理解西方建筑灵魂中的潜在逻辑。

在本书的最后，我将推荐很多重要的参考书目，为读者指导深度的学习和可能的方向。

这本书将大量的手绘分析图与理论融为一体，从建筑学的基本组成开始，启发读者的兴趣，并通过实践来灵活运用所学到的各种方法。这些基本的知识是有用的，不仅在建筑设计领域，而且帮助培养读者独立分析的能力。建筑的组成逻辑遍布在各种建筑类型中，住宅、宫殿、塔楼、教堂、花园、工厂都富含着规律，本书可帮助想要学习如何解构建筑的读者了解西方建筑的逻辑。

第一章　建筑构成基础
Architectural Composition Theories

　　我们希望提炼出建筑师惯用的最简单的构成元素。同时引申出另一个法则，即提炼分析、简化归类后，供设计师研究其中组成与关联。

　　为了完善这种操作，对事物本质的认识是核心，同时在元素构成过程中，我们可以从相关的多种艺术领域，如绘画、摄影、电影，来探索元素的本源性、真实性或更多的形式，进而追溯至建筑语汇学的范畴。

　　任何将现实提炼简化的过程，都是根据逻辑的功能要求来形成系统性的逻辑构成，在提炼中蕴含着困难和风险，首先存在着过度简化的风险，另外，过多元素进入评价体系会导致系统过度复杂化，会使本质隐藏在扑朔迷离之中。

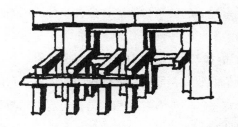

　　然而，有时候这些风险和困难可以被克服，基于科学合理的研究方法背景下，如你需要认知和感知一个现象时，需要重构你的认知层面，同时将知识结构衍化到其他科学领域。在自然科学发展史中普遍的一种研究方式是将绝对本质从现实模型中抽象出来，它们源于自然世界，但它们已被抽象和符号化。

对于简化的结果，在科学合理的逻辑范围内，可以将设计法则和子系统在所需范围内放大，在自然的世界中产生映射。从中可见，它们的关系是多样化的，有时候会以一种非连续、盲点和矛盾的状态出现。在自然科学中无论是研究无限微小的体量还是无限放大的体量，都是以相同的哲学方法进行逻辑学的划分和研究，以小见大：由原子的结构以观整个宇宙。

然而，现在我们谈论的不是自然现象，而是人造的客观特定对象。以墙为例，为了支撑门楣和穹顶（围合联系了护栏、门槛、楼梯和屋顶），从而形成了本质必要的几个建筑构成元素。即使不能直接建立结构语汇和建筑构成元素之间的关系，但这种分类及系统化的过程可以解开空间和结构系统中的奥秘，并拓展形成全面的认知。

也许，滥用建筑语汇已成为设计的普遍现象，然而建立一个适当的类比有助于我们的研究：最简单的建筑组成元素集合起来形成了语汇，其中包含着丰富多样的专有名词和术语，当这种构成句法形成一种独特的设计语汇系统时，如何组织这些元素就形成了一门学问。

在这些情况下，我们就要像一个初始的语言学习者一样需要了解如何写作、如何阅读和学习（建筑语汇）。这是一本源于复杂现象但归于简单理论的书，目的不只是在于解释一种建筑设计语法规则，而且要使人能够良好地掌握和运用这些建筑语汇。

另一方面，就如同欧洲的木偶戏一样，对它的认知首先不是一个单纯的客观物质，你可以把它束之高阁，或者带它上大街来场精彩的木偶戏，所得的钱将被用来买票，成为进入高级剧院的敲门砖。

1.1

墙
The Wall

"建筑"这个词源指的是架构的覆盖，精确含义源于古希腊术语，指的是木结构屋顶的覆盖形式。在古希腊的语言中，建筑师是 "Téktones" 之首，也就是木匠。你可能会认为第一座建筑源于屋顶，并诞生于希腊神话的历史背景之下。18 世纪中叶，修道院院长马可·安东尼·劳吉埃（Marc Antoine Laugier）在他书的开篇深入探讨了建设的基本元素和艺术形式，将建筑学类比为母亲，建筑设计师则如同她的孩子，致力于延展整个学术之树的枝干。

然而，建筑中最简单的构成元素就是墙，即使它只是一个双面的构件，甚至不能够形成一个空间（在我们的认知系统中构成一个空间需要屋顶和地板，或者至少需要上下的围合构件）。

这个二维建筑元素，墙，首先是一个基本的构件，它划分了内外的空间，成为认知上真正的限制性元素。在这种情况下，墙的两面含有两种角色：一是展现于行色匆匆路人眼中的外立面；另一个是内部的式样，它构成了内在的个性化空间，只会展现给屋主、客人、朋友。

当我们站在城市中心塔顶俯瞰古老的正被拆卸的建筑物，有趣的事就发生了，私人的内部空间突然以外部的性质被展现出来：浴室覆盖着瓷砖，或者是卧室的墙壁贴着墙纸。这一切很好地展示了墙区分人们生活的内外性。在这里，墙，不仅是对视觉的限制，隔离私生活与公众生活，而且展现了墙作为一个围合部件的真正本质：围合一个空间，区分一种生活，分割行为方式和存在方式。

我们试图来定义墙的性质，那就是强化限制空间，同时也开启了空间。这个双面建筑构件的本质，就是它可以组合、转折和弯曲。它的形式可以归结为一个简单的直板，也可以以多种形式进行弯曲，根据墙角的定位形成丰富的变化，甚至可以形成多维度的弯折。

墙可以形成空间的凹凸，传递出空间进深。这种语汇源于对客观体量的研究，将符号从表面，如硬纸板的表面，深化到实际建筑的体量。最典型的是，墙可以从一个虚无的空间中围合出一个实体，它可以赋予空间体量，它也是建筑空间的本质，隐喻在元素法则之下。

在古希腊时代之前的地中海地区，有一种基本的建筑单元叫做梅佳农[①]（Mégaron），它是一个非常小的空间围合单元，以墙为围合部件，覆盖一个屋顶，有一个小小的前院，适合烧火做饭。这种古希腊建筑的最原始单元，其平面以类似于字母"A"的形式，融合了内部和外部的空间，满足了睡觉和起居的需要，兼具烹饪和饮食的功能。这些都源于墙的巧妙曲折做法。这种迷人的处理手法，还被广泛地运用于古典建筑之中，梅佳农的形式成为古希腊神庙的符号灵魂，我们可在雅典卫城的帕提农神庙找到同样的设计渊源，就如同 Nàos（航船）一般，将空间形制汇合入了柱列的海洋，将内部的围合空间贡献于神，而外部的开敞面向于人。

直板是墙的自然属性。在建筑历史发展中，墙内部的结构稳定性在不断提升。很难想象，如果我们不引入钢筋混凝土或预制系统的话，只用墙来围合，恐怕难以形成足够的稳定性。

---

① 梅加农（Mégaron）：源于希腊，原本是希腊地中海地区典型民居单元的平面，后来随历史演化，成为希腊宫殿和神庙的经典平面空间构成的定制。

从它诞生开始，墙就是以堆叠石头的形式存在的，砖块或更大的砌块排列在一起，堆叠成一面墙。其他的方式还包括，以原木木材拼凑连接，或是其他材料的组合辅以砂浆填充连接。总而言之，墙的搭建方式与它的外观质地关联，常常能够显示其材质、组成成分、连接方式。

但这尚不足以揭示墙的内部本质，这只是从维度方面分析墙的两个面层，阐释墙的构造。其中的关键在于砌块的组成方式，接缝错开或接缝对齐，以及其他的建造模式。不同的接缝组织能形成不同的面层质感和组织形式。砖块或其他砌块是错位相接还是对齐组合，是以长截面相接还是短截面相接，是全部平放砌筑还是竖向砌筑与横向砌筑组合在一起，都需要巧妙的设计。它的奥妙蕴含在材料、体量、空间的组合方式之中。

一面石头墙是以交错的构造方式为基础的，这种基本构造方式衍生出建筑单体和街区。石头并不是冷漠单一的构造材料，在材料的运用中，不同的方式会赋予墙不同的意义，它可能是石头堆叠而成，同时可表层贴挂石板或简单地涂以涂料。

我们熟悉的两种贴挂方式：石板锚固系统和固定支持壁挂，都可以忽略墙本身的砌块模式，然而这些石板及外表面涂层会在装饰上与原有构造材料产生内部的联系。材料的构造是建设性客观的反应，传承着设计的历史性符号含义，所以外表面材料在构造中会反映建造的传统。

这是一个关于建筑材料组合和参照的推敲，比如说：我们常用的石膏，经常被用于墙面的装饰或粉刷，其实它是一种砂浆混合物，由石灰和惰性材料组成，粉刷和覆盖于砖石墙的表面，并可以塑造形状，同时可以作为其他构件的装修材料。

　　这里引入装修涂层的概念，它不仅仅是一个粉刷或装饰的含义，还包括给予墙面一种有机和个性化的设计。这里引入一个概念就是墙群的组合方式，这种组合包含空间联系。涂层可以是白色粉刷或者是添加石灰粉、抹灰层、地板砖、石板、金属片层，甚至木板，这些都是装饰性的元件，目的是给建筑添加美学价值，给人以视觉上的美的感受。

　　到目前为止，我们考虑的都在承重墙的范畴，但是除此之外，还有其他构造性质的墙壁，减少其承重功能上的元素，添加其划分空间的作用，它们就是填充墙，也就是隔墙。

　　在建筑构造史上，我们已经知道许许多多装修涂层方式被用于承重墙。但是在住宅和建筑结构的设计中，墙体并没有占太大的位置，它们只是简单地辅助支撑，各种柱子与拱券、梁连接，这时墙只是简单地辅助，形成垂直层面上的围合。当墙进化到完全被排除在支撑屋顶和楼道的荷载结构之外时，它已经完全卸下支撑作用。墙越来越单薄，越来越多样，直至进化为连续的玻璃墙，甚至进化到由上部梁悬挂下来的分隔墙。至此，墙已经在整体建筑构造中，卸下了神话般承重的角色。

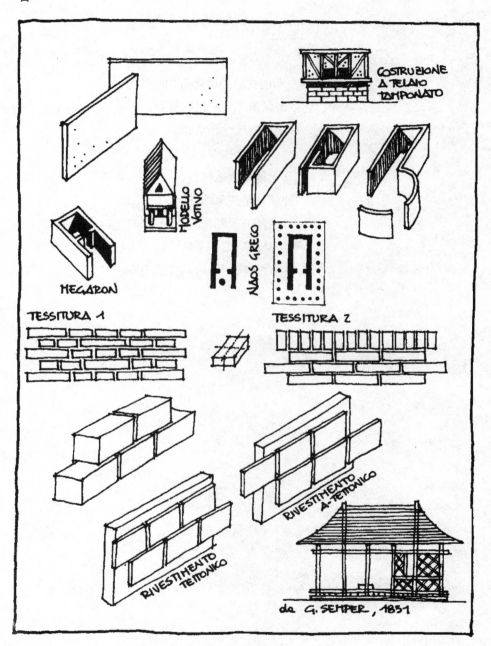

COSTRUZIONE A TELAIO TAMPONATO

MODELLO VOTIVO

NAOS GRECO

MEGARON

TESSITURA 1

TESSITURA 2

RIVESTIMENTO TETTONICO

RIVESTIMENTO A TETTONICO

da G. SEMPER, 1851

然而墙，即便它已经演化得如此多样，

它依旧保留了它自己的特点，

那就是适应性和亲和力。

围合构件，

无论是什么材质，

即使它是芦苇编织的，

或是玻璃制作的，

哪怕是最简单的亚麻布，

覆盖围合了空间都可以称之为

墙。

1.2

支撑结构
The Support System

柱子或壁柱，它们是与地面相接的受力体系的一部分，将荷载部分（如梁、屋顶、楼板）架空离开地面，这被称为简单的支撑结构。让我们关注于克服重力的那些结构元素，它们重要的作用使之成为打开建造领域的钥匙。

如果我们从建筑起源的神话开始入手考虑，支撑结构的雏形可以类比于墙体，如同劳吉尔（Laugier）的论述，第一座建筑的诞生伴随着房顶的建设，至少需要四个支撑构件（如四个支点，或四片墙）来形成整体的结构和遮挡。其他一些人文艺术理论家（如诗人歌德）认为构造方法中墙出现于后期：四个柱子仅仅是作为支撑结构，形成了方形的空间概念，而并没有形成一个房子；四面墙却可以组成空间，并带来了四个角的概念。

支撑结构可以是柱子或壁柱，在通常认知中，柱子是一种圆柱体支撑构件，而壁柱则是截面为方形的支撑构件，在哥特建筑中，我们所看到的壁柱截面是对称几何形态，而在现代结构建筑中，钢结构的壁柱是以多元形态展示在我们面前的。

什么可以作为区分柱子和壁柱的条件呢？可以依据柱子两端的特征，即柱头和柱础，它们的风格带给我们启发，并研究这两个元素间的关联。它们随着时间推移，弱化了功能，强化了观赏的作用，甚至让我们忘了最初发明它们的原因。

柱子这一建筑元素，亦被称为支撑门楣的支撑结构，它的作用是将重力向地面传送，通常情况下，柱首以圆锥形呈现。在受力过程中，柱子的应力从上至下传递，柱本身的截面和体量也受到应力的作用和干预。为了使应力更好地向地面传递，柱础产生了。

柱首，实际上是一个插入柱身和门楣之间的元素，为了避免柱子上端由于压强较大，带来对门楣的冲孔现象，损坏门楣，应避免柱首的接触面形成较小或较窄的截面，即发生损坏的部位往往是支撑接触面过于狭小的部分。

柱子的起源可以追溯到古代，在欧洲，尤其是以希腊为源头，发展成不同形制的柱头、圆柱和柱础。最早的柱子是由木头建成的，并慢慢演化成以石头为材料。其后，石柱以一种隐喻的暗示继承木柱的形式，这一过程也被称为构件的石化过程。用木头做成的柱子，往往用的是一根树木的树干，它的截面传导应力，但它的材质是由纤维束紧密地垂直分布在一起，故而同样有可能解体，这就如同一束花，即使再紧凑地构成一个整体，但是来自上面的压力也会令其分崩离析。同样木梁的连接锥面与石构件相接，其尖端便成为最脆弱的部分，可能会造成穿刺或破裂。

希腊的神庙最初也是以木材为材料的，故而其石化的过程对后来的神庙建造起到了重要的作用，木构成为象征性的符号。现在我们所看到的古典建筑的细部，都有着古代建筑的影子，这种符号被永久地保留了下来，比如爱奥尼柱的涡卷、多立克门楣排档的三垄板间饰、科林斯柱的柱础。

爱奥尼柱的两个涡卷，在历史的演变过程中，即存在着结构作用，形成柱子和门楣之间的结构连接，同时蕴含着构成古代地中海风格图案的意味。这是自然主义风格的过渡，同类的风格亦可见于科林斯柱首植物式样的纹饰。

　　屋顶系统逐渐演变，起初是用稻草和泥土，形成很陡的流线型外观，后来进化成瓦片，屋顶的斜度变得平缓。在结构上的进化，包括在多立克庙宇中运用门楣和结构梁来加固支撑结构，这带来了梁的端头的处理（三垄板）和排档间饰的装饰（间饰的风格化），这些都成为多立克不可磨灭的符号，从石化开始延续了几千年。

　　古代的柱础，是一个构件的组合，凹凸的形式赋予了它时而平缓、时而鲜明的线脚，它的作用实际上是与传导截面受力、辅助支撑系统有关的。爱奥尼柱的柱础往往是立方体，上面包含圆形线脚及突起。科林斯柱重新定义了它的柱础，包括两个凹凸线脚（双峰双谷），这种方式使它成为一种具有强烈层次感的柱基附件来承担柱子和地面的交接。

　　在古代，不同的柱子种类会对应不同的柱身比例，当科林斯、爱奥尼、多立克三种柱式在装饰性的推动下愈加风格化时，它们的比例也被重新定义。它们的风格性的强化，掀起了建筑形制的推广，并将柱子的形式与人体比例联系起来。筑基如同脚，柱首如同头，这就可以明白为何发展出两种新的定义：女像柱（以女子的形象作为柱身）或男像柱（以男子的形象作为柱身）。

因此，古代多立克柱以男子的身材比例为基础，而爱奥尼柱以女士的身材比例为基础，科林斯柱的比例则来源于少女的身材。

早期的现代主义，将古代柱列的秩序和规则归纳为五种柱式，或者说将三种最经典柱式的设计风格归纳后称为塔司干风格。它们是以多立克为原型的，其比例在罗马帝国时期被演化、升华和制度化，衍生为爱奥尼和科林斯。

500 年来，五柱式衍生出的建筑语汇，被建筑师们作为建筑标杆，大量运用在门廊、阳台、阁楼等建筑设计中。雅各布·巴罗齐（Jacopo Barozzi）①在他的著作中详细描述了柱式的规则，并于 1562 年发表于罗马。

在壁柱的规则中，一般柱子是依附于墙体的，这给予建筑立面独特的韵律感，形成了独特的空间风貌。一方面，它们呼应了古建筑根植于符号文化和图式的外形，另一方面，它们起到了支撑作用，并没有丧失它们结构的自然属性。

然而，同时，柱子在支撑结构之外，已经成为极具代表性的建筑语汇。不同的风格代表不同的语汇，当新材料带来设计的变革时，柱式已不同于传统的施工，但依然影响着颠覆传统施工的当代艺术形式。

---

① 雅各布·巴罗齐（Jacopo Barozzi，全名：Jacopo Barozzida Vignola，约 1507—1573）：是 16 世纪意大利建筑巨匠，以手法主义著称。他的两项传世之作为法乐赛别墅（Villa Farnese）和罗马的耶稣会教堂。他与帕拉蒂奥、萨巴斯蒂阿诺·塞里奥（Sebastiano Serlio）并誉为令意大利文艺复兴席卷欧洲的三大巨匠。

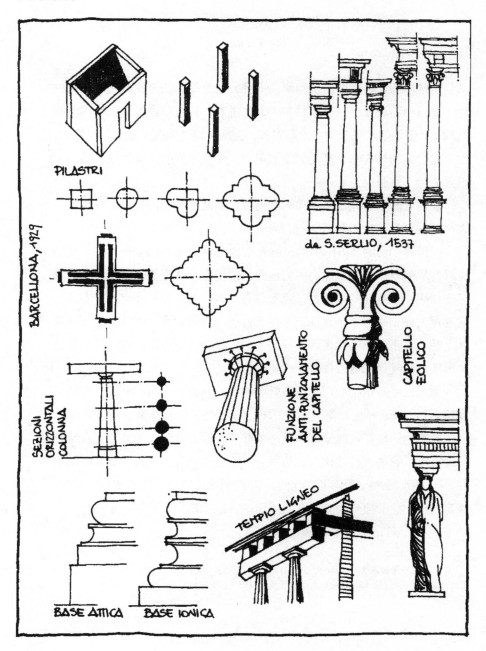

PILASTRI

BARCELLONA, 1929

da S.SERLIO, 1537

SEZIONI ORIZZONTALI COLONNA

FUNZIONE ANTI-PUNZONAMENTO DEL CAPITELLO

CAPITELLO EOLICO

TEMPIO LIGNEO

BASE ATTICA   BASE IONICA

25

1.3

梁
The Beam

一堵墙的构造主要在于砌块的堆叠，这是简单的叠加方式。在此过程中要排列石块或者砖（原材料），在排列一行之后进行下一行砌筑的过程中，要保证水平和垂直方向对齐，这是一种原始的克服重力的方式，你可能会认为结构体系是更深层的东西，由看不到的元素组成，但这正是系统为了克服重力而存在。

最古老的结构体系是纵向的两列柱，以及横向的门楣及支撑构件，梁和门楣都是结构体系水平向的元素。

以世界闻名的巨石阵中的三巨石结构为例 (Sistema Trilitico)[①]，我们可以想象到它作为克服地心引力最原始的模型，两座脚柱支撑顶部的第三块横梁，使其在空中放置，克服地心引力，这是一种非自然的方式，它的重力完全落在两个支柱上，在垂直线方向延伸受力，这是新石器时代之后，真正起步的代表建筑行为的石化过程。它不但改变了材料的自然属性，同时伴随着宗教的仪式和祭祀。

类似三巨石结构的门楣用途是多样的，它创造空隙和空间，我们可以认识到，在形成一堵墙之后，门楣的设置是开门和开窗的基本条件。

起初，门楣在古典建筑中是一个非常重要的角色，尤其是在古希腊的建筑中，它的材料转化为石头后，功能性向观赏性过渡，随着时间推移，强调了观赏性，弱化了功能性：如山花中部的雕塑、浮雕花卉的图案，甚至着色，之前提到的多立克式门楣在三垄板间有着丰富的排档间饰。

26

---

① 三巨石结构系统（Sistema Trilitico）：可追溯到英国的巨石阵，欧洲著名史前神庙遗址。其中的三巨石结构，两根巨大的石柱抬起巨大的石梁形成基本的抬梁力学系统。

三巨石抬梁结构的门楣间饰来源于古老的木构建筑（梁的端头），但是在进化过程中，人们已经淡忘了它的遥远起源。后期希腊建筑师们已经将这种符号的位置做了调整，因为要适应柱首的排布，同时要加大一个受力面。所以随着时间流逝，三垄板间饰改变了，内圈柱廊出现了，建筑韵律感产生了。所有这一切的进化，已经不需要在转角的地方设置三垄板作为梁头的支持构件，所以建筑师在角落加上了一个三垄板的符号。至此，三垄板构件已经完全卸下了结构的身份，而成了一个纯粹的装饰构件。

基于石化，三垄板构件成为建设性的符号，其对应的垂直元素被称为立柱，水平分布于门楣之下，来支撑空间下的梁，并且定位门楣的大小，甚至直观地影响门楣的跨度。它们的强度取决于长细比，必须有足够的强度来支撑它们上部的荷载。在此过程中梁必须由能够弯曲的弹性材料制成，而且其形变具有一定的限制范围，处于可以计算极限允许的范围之内，以确保结构的稳定性和安全性。

这种概念看起来是跟静定结构有关的，但实际上它与研究门楣和柱列的比例尺度有关。这是从审美的范畴开始的，并且在后期各个设计师（如远古的维特鲁威）① 为其制定了确切的形制，形成了成熟的系统，

① 维特鲁威 (Vitruvius)：公元前 1 世纪古罗马御用工程师、建筑师，总结了当时的建筑经验后写成关于建筑和工程的论著《建筑十书》，是世界上遗留至今的第一部完整的建筑学著作，也是现在仅存的罗马技术论著。他最早提出了建筑的三要素"坚固、实用、美观"，并首次探讨将人体的自然比例应用到建筑设计中。

他们关注的不是整体建筑比例的大小，而是柱列、门楣之间的关系和差距，不同的时代有不同的标准，他们所做的是如何在同一时代满足建造的需要和审美的要求，这些是详尽的关于比例尺度的调查和研究。

所有这一切都来自于古典的宇宙学的认知，从而组成了形式和图案的语汇，发展出建筑装饰性的风格。然而有意思的是，我们可以发现三巨石结构系统和材料的转型，是为了降低材料的尺寸来引进更多光源进入建筑内部。如一个木梁如果要承受同样的荷载，要比同样的石梁宽得多。缩小构件的截面使建筑的支撑构架变得纤细，而放大几何框架系统（建筑框架，非建筑材料），可引入更多光源。

这一切的结果是形成一个三巨石结构壁柱门楣系统，综合地支撑竖向荷载，但同时也抵消水平向应力，因此，这就需要采取更适合的材料，随着历史的发展，人们引用框架系统，使门楣和壁柱形成紧凑的连接。这个系统的静定结构已经不同于三巨石结构系统了，它是一个多元的复杂的框架结构。然而，这种框架结构和之前提到的三巨石结构系统的源头是统一的。而且这两个系统之间，有着类似的潜在组织架构，至少在形式的组成和力学传递中有着相似的力学及物理学承重的规律。

28

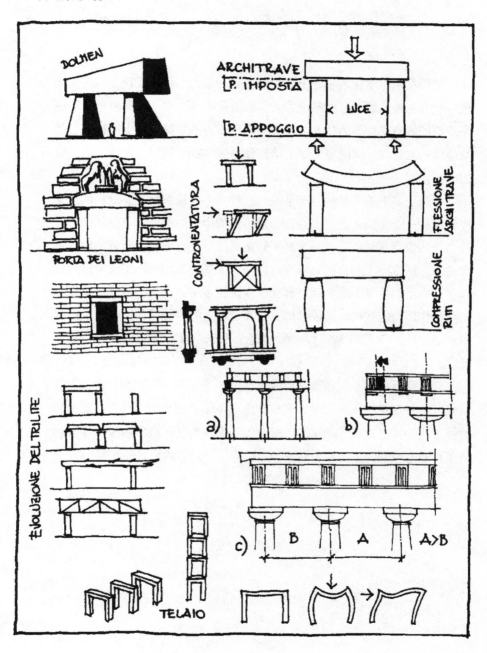

1.4
拱
The Arch

梁是在两点支撑的基础上，来解决空间架构问题，即使在古老的年代，也有另外一种承重的解决方式，那就是拱券。它与柱同时形成了一个规整的垂直平面受力体系：将力分散到下方的斜撑与柱上，保证了建筑整体的对称性，同时重物重心落在体系的中轴线周围，形成完美的受力结构。

不同于简单的三垄板门楣系统，这种受力系统包括三部分：两个支撑结构和一个梁结构。在拱券这个新的结构中，每个受力点之间的相互应力作用值得探讨。这个系统并不只是关注于垂直方向的荷载承重，还包括了水平方向上的作用力与反作用力。如果说我们将水平梁承重看做单一方向上的承重方式的话，那么拱券是在水平方向上，内部产生作用力与反作用力的结构，这种结构在空间维度上的扩展延伸，降低了结构系统单一方向上的荷载风险。所以这个系统有着古老的起源，并延用至今。

与三巨石结构系统相比，拱券呈现更加静定的、坚固的特点，而前者是以一种直观的单向力学传递结构出现（压力和支撑力可以在简单的计算过程中被确定，同时内部作用力也较为简单）。拱券系统可以形成更多开敞的空间，如门廊、柱廊、内院等，可以引入更多的光源。

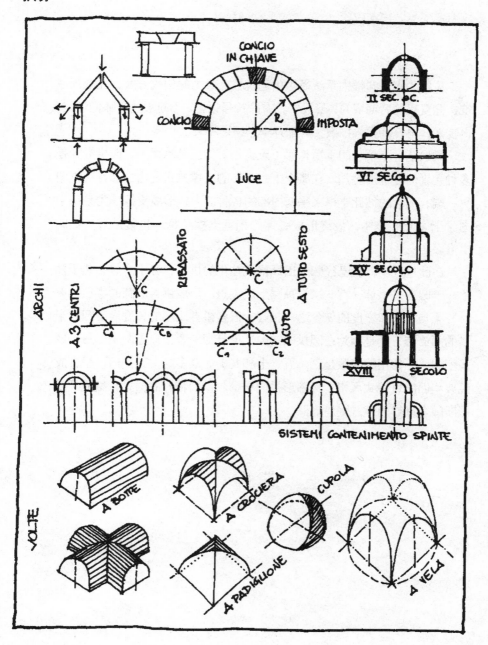

从拱的水平向推力系统衍生出建筑极具魅力的构成方式，在欧洲建筑文艺复兴的后期岁月，形成了独有的符号语言，不断被建筑师们学习，再定义，再设计，再推敲，风靡几个世纪而不衰。

梁只是一个单一的承重构件（无论是石梁还是木梁），而拱券则是多种元素的复合形叠加。在概念上，弧形的支撑方式是由一端作用推向另一端，两端的彼此支撑来平衡内部的各种应力，形成支撑应力系统中力学上多元的交错，最终形成稳定的相互支撑结构，也就是最关键的拱券。

在此过程中，我已经归纳出风格成熟化的拱券，源于自然，达于抽象。半圆形是主体，有些拱券顶端形成尖点。形成拱券的圆的半径，有时并不与它底部宽度的二分之一相同，很多拱券底部的长度大于圆的半径的两倍值，那是因为在圆拱曲率中，设计师一般会设置两个、三个或多个圆心（常用的模数是三、五、七和九）。众多的尖顶拱门，组合成经典华丽的哥特式风格；马蹄形拱门和摩尔拱门特有的样式，组成了威尼斯闻名世界的拜占庭建筑群。

穹顶是建筑结构组成的重要部分，由于其稳定性较三巨石结构系统更为优越，同时造价低廉，迅速在欧洲推广开来。穹顶系统将复杂的结构和空间统一起来，同时诠释了宗教教义，产生了与之相一致的外在形式，是大型古典建筑绝佳的选择。

另一方面，梁本身具有一定局限性，那就是跨度。梁的无限延长会因为不能承受自身荷载而断裂。如果要解决这个问题那就是在跨度中添加柱子，用增加支承构件的方法来克服局限。这是木质横梁、桁架或预应力混凝土梁的普遍情况。

为了突破局限，穹顶在建筑历史中功不可没，不但是更好的选择，而且是立即可行的措施。为了维持穹顶的稳定，必须抵消水平推力，也就是水平方向上相等和相反的作用力。因此，穹顶周围墙壁的作用尤为重要。在欧洲古典建筑中，沉重的墙壁对穹顶有反方向的作用力。我们所熟知的所有经典案例都是力量与美的完美组合。

我们已经陈述了穹顶与拱券的基本概念，从建筑图纸的几何原理，到在空间中点围绕中心的或轴的运动所产生的三维形态。从几何逻辑上来说，穹顶是拱券以中心点绕其垂直半径 360 度旋转形成的半球形三维体量。如果覆盖的空间是正方形的平面，那么穹顶就不是通过旋转得出几何形体，而是通过在两个对角线形成呈直角的肋架券，建立在墙体四个高点上。它的形式是由起到支持作用的四条拱券的交点给定的，而拱顶靠在四面墙壁（或四个门楣）上。从中我们可以辨认出是两个部分，横向和纵向，由一个圆顶的交点给出内部四个互相垂直的剖切面。

穹顶的基本功能在于覆盖空间，而不仅仅是一种结构模式。那些对大体量建筑：万神庙①、圣索菲亚大教堂②、圣母百花大教堂③、圣彼得大教堂④感兴趣的人们会发现结构潜在的规律；人类的历史：从圣·吉娜维夫 (Sainte Geneviève)⑤ 的测拱顶实验到现代的钢筋混凝土发明，可以通过伟大的、令人兴奋的史诗般的建筑展现在世人面前。

---

① 万神庙（Pantheon）：位于意大利首都罗马圆形广场的北部，是古代建筑中最为宏大，保存近乎完美的，同时也是历史上最具影响力的建筑之一。采用了穹顶覆盖集中形制。万神庙是单一空间、集中式构图的代表，也是罗马穹顶技术的高峰。

② 圣索菲亚大教堂：拜占庭式建筑，有近一千五百年的漫长历史，因其巨大的穹顶闻名于世。

③ 圣母百花大教堂（Basilica di Santa Maria del Fiore）：位于佛罗伦萨市中心，意大利文艺复兴时期的瑰宝，喻为文艺复兴的第一朵"报春花"。

④ 圣彼得大教堂（Basilica di San Pietro in Vaticano）：是基督教天主教会的教堂，同时是梵蒂冈的教廷。米开朗基罗、贝尼尼、拉斐尔等大师都参与了教堂的设计与建造。

⑤ 圣·吉娜维夫（Sainte Geneviève）：位于巴黎拉丁区，亦被称为巴黎万神庙"Le Panthéonnational"，经过多次扩建，拥有宏伟的穹顶，是新古典主义（neoclassicism）的早期代表作。

过渡元素（门廊和门槛）
Archetypes Elements: the Enclosure and the Threshold

当然，墙、支撑梁和拱券，等等，都还没有穷尽对建筑组成元素的讨论。即使它们足以说明建筑最主要的功能，我们还是会想：建筑不仅是文化内涵的象征，在结构上体现人类的科技，还与一些组合元素结合起到画龙点睛的作用。

关于墙、支撑梁和拱券，我们想给大家介绍由莱昂·巴蒂斯塔·阿尔伯蒂在他的第七本书（阿尔伯蒂的《建筑十书》）中给出的看法：使用多个关联门楣和立柱来串联拱廊。

阿尔伯蒂提出在多层建筑的底层，利用由圆柱支撑的拱券作为围合廊道：拱券作为特殊的墙壁而非结构，通过柱子将原有的韵律打断，成为一个有连续内外空间的整体。一定程度上，我们可以认为这是三垄板门楣系统的衍化设计。将纯粹的建设性用途的拱券赋予了装饰意义，阿尔伯蒂一向奉行传统，不会过分标新立异。在他写了这篇著作几年后，佛罗伦萨建筑师伯鲁乃列斯基[①]，通过引入表征性的新架构：支撑拱券，并将这种架构体系化。从阿尔伯蒂的角度来说，伯鲁乃列斯基近乎异端。但在今天，阿尔伯蒂与伯鲁乃列斯基的设计体系都成为后代建筑师灵感的源泉，也为建筑历史写下了经典的篇章。

---

① 布鲁乃列斯基（全名Filippo Brunelleschi）：意大利文艺复兴早期极具盛名的建筑师，以创造性的才华设计了圣母百花大教堂的穹顶的架构（1419—1436）。他的主要建筑作品位于意大利佛罗伦萨，如育婴堂，巴齐礼拜堂等。

古典建筑是传统与创新之间的纽带：历史上的建筑巨匠和作品随着时间的推移，带给后人丰富的联想，也带来许多工程、技术、文化历史上的不解之迷。

请记住阿尔伯蒂的教导：因为拱券和柱廊的设计，让您打开门窗望向意大利的街景，欣赏街道得到美的享受。他告诉人们建筑组成的基本元素，不仅是满足使用、结构上所需要的基本元素，更是符合人们不断增长的日常需要的新元素。

与此同时，阿尔伯蒂的对围合门廊和柱廊的启蒙是非常有意义的。在围合过程中，门廊的拱券与柱子的组合符合力学的基本要求。

门廊和门槛，建筑古色古香的元素，具有很强的象征性，悠久的历史背景体现了它们重要的职能作用。

栅栏，希腊人称为"坦密诺斯"（Tèmenos），源于一个动词，表示分隔，而其功能包括限定和排除。封闭的区域或空间源于人的需求：每个人希望有自己的私密空间。人们建立这种私密空间的方法是：分割出一块地，并确定建筑物性质，基本就是建筑红线范围（或城镇规划红线范围）。然而这种分隔并不是完全隔离、互不相通，这是空间上的再设计而不是建一个屏障：既相互分开又相互渗透，有时强调区别，有时若隐若现，这是视觉的空间设计或物理上的穿越。一个非常有趣的案例是希腊神庙附近的柱廊，这些神圣的柱廊是古代神话与宗教理论的物化，在帕提农神庙的一系列多立克柱分离神圣空间与喧闹的人群。同时，边缘柱廊是空间过渡的枢纽。一边欣赏具有古希腊神话及指代象征意义的柱廊，一边欣赏石材建筑之间光影的变化，及壮观的城市和广场，让人们体会历史与现代的时空交错。

门槛分隔室内和室外。每个墙壁以及围栏之间的间隔是预设符号性的客观存在：一座台阶，一扇门，就可以分隔国会大厦庄严肃穆的内部和喧嚣的外环境。门槛是门的最下端组成成分，建造工序中通常使用石材来支持门的底部。"门槛"的意大利单词来源于拉丁语"Solea"，这个词实际意思是"在脚底"，可能还附带了另一层含义"分隔"。越过门槛到室内空间，是进入另一场所，减少了雨水或脚上的污物。门槛的材料相比其他地面材料，如地板，更耐磨，首先因为门槛延伸在地板外侧，必须经受雨水、光照、耐热和抗冷凝等问题。另外它是连续通行的地方，要经受高频率的磨损。大门口的门槛甚至有防止雨水蔓延到室内的作用。

这些微小的建筑构件，是建筑中的最小尺度，作用却非常大。它们决定走道的构造设计、地板整洁度，并与室外空间直接过渡。在希腊，这些元素创造了一座座有着光滑美丽大理石地面的圣洁的寺庙，带来空间几何的精确和完美的庄严性。

门槛是建筑组合的小构件，它与门框和门楣一起，构成整个建筑对外开放的装置系统。正如前文所述门槛分隔的是室内和室外。它们是每个墙壁以及围栏分隔空间时使用的关键符号。在建筑和结构方面，门的设置，会从根本上改变整个建筑的外立面形态。

过渡元素（门廊和门槛）

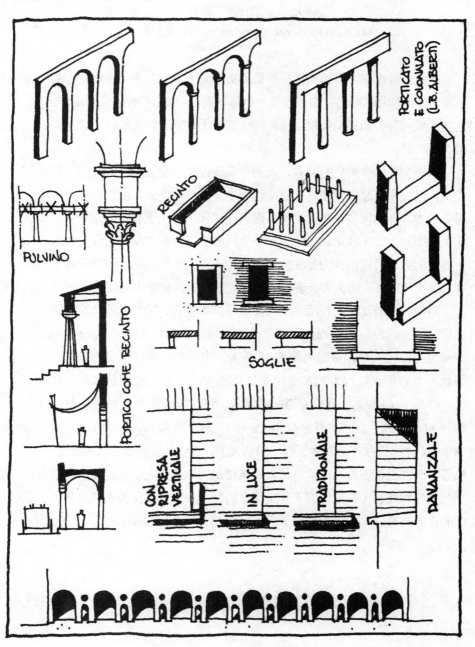

PORTICATO E COLONNATO (L.B. ALBERTI)

PULVINO

RECINTO

PORTICO COME RECINTO

SOGLIE

CON RIPRESA VERTICALE

IN LUCE

TRADIZIONALE

DAVANZALE

1.6

机械构件：阶梯、屋顶
Machine Elements: the Stairs and the Roof

前面已经提到，屋顶和楼梯都是历史悠久的组成元素，始终发挥着重要的职能作用，因为它们都涉及一个基本内容：使人们能够克服高差。这些机械构件，如楼梯和屋顶的共同特征在于：常会包含栏杆、檐、构架、围栏等。

机械构件是很实用的装置，人们可以通过科学设计对复杂比例进行控制，以此来克服高度差。在这个过程中，这些构件的尺度极其关键，需要考虑人体的尺度（步伐等）。而人在"爬"（上下行）的过程中，在从一层到上部（或下部）时，同一个尺度的几何构件反复出现，相对于其他的方面可以被认为是独立尺度的（砖石、金属结构、钢筋混凝土等等）更为重要，因为直接影响人体感官的舒适度和使用的便利。

踏步的功能是让人利用水平表面的踏脚板攀爬，爬升台阶高度到达上层。踏步尺度以方便为宜，踏步的宽度应至少为28厘米，也就是至少满足足部的大小，每级高度约18厘米，也是根据步伐幅度确定的。因此一个方便人的尺度的黄金比例三级踏步的高差尺寸的总和应该是62、63或者64厘米。我们知道的卢浮宫，它的楼梯规模有40级，每级约为14厘米高；而凡尔赛宫有54级台阶，踏步宽为13.2英寸（33.5厘米）。上述比例在符合人体工程学的情况下，还被公认为是舒适的标度。随着时间的推移，公共建筑与私人建筑楼梯的样式也在变化，而这些独立的楼梯和坡道（高差根据人体工程学的斜率），可以作为在建筑施工中的指导规范。

坡道（用于不超过 1 米的室内、较小的高差处、巨大的楼梯入口处等），它的具体宽度根据功能而定。与坡道连接的楼梯形式是多样的，如矩形、圆形、多角形、螺旋式楼梯。从这些类型的组合，我们可推导出多种组合楼梯，如巨大的双阶梯（对称，并且具有两个坡道，从入口部分连接后分离）、剪刀梯（在平台处分裂成两个楼梯，在下平台楼梯又连接到了一起）、双梯或帕拉蒂奥楼梯（两个人能并排行进）。它们是历史上已知的新形式的伟大发明，例如波洛米尼 (Borromini) 在罗马的斯帕达宫 (Palazzo Spada)^①，透视的有效应用使得两个收敛的墙壁看起来像一个巨大的楼梯，实际上是一个短尺度阶梯放置在一个受限环境中的视觉效果。

所列举的例子是要大家记住楼梯作为一个尺度构件，并不是可以随意决定的，它们决定建筑元素的体量与形式，重要的是人们要在其中感知攀爬。影响这一方面的元素有很多，光线、材料的选择，看似微小的元素，如栏杆和扶手、梯子的组合等等，都是设计的灵魂。

另一个重要方面是楼梯的所在地，它直接影响整个建筑内部空间的组织结构。它可以是建筑的主旋律，或者它可以位于一个隐蔽的位置，或者成为外观的一部分。最后，在建筑中，楼梯是一种源于机件的启发式感悟：来自使用舒适度和人体工程学尺度，有助于了解对整个建筑的想法，好比一个函数，设计师必须了解规范，不能完全不遵循它的规律，但也不能纸上谈兵拘于规范。

---

① 斯帕达宫 (Palazzo Spada)：具有世界闻名的宫殿与花园，设计师弗朗切斯科·波洛米尼将法国凡赛宫的形制与花园引入了设计。

如前所述，一个建筑师设计了楼梯这个构件，启发了后人的设计。按照拉丁语的词源我们知道，建筑师这个词语源于希腊词语"Architékton"，可见对于"Téktones"（木匠）这个词来说，"Architékton"即木匠的领导者。很明显，在希腊语中木匠和意大利单词"屋顶"（Tetto，来自拉丁文语系）同根同源。我们可以想到，木匠将各种建筑材料加工生产，建筑师则定下生产的方法、尺度、规范，之后，整个建筑才能拔地而起，直到最后封顶。

　　事实上，随着时间的推移，屋顶的建设仍然是建筑最迷人的部分，它显示了真正挑战天空和重力，也让第五立面更加精彩。屋顶并不是一件小事，不经思索地开建只会失败，屋顶本身已经预示建筑内部的支撑结构体系。

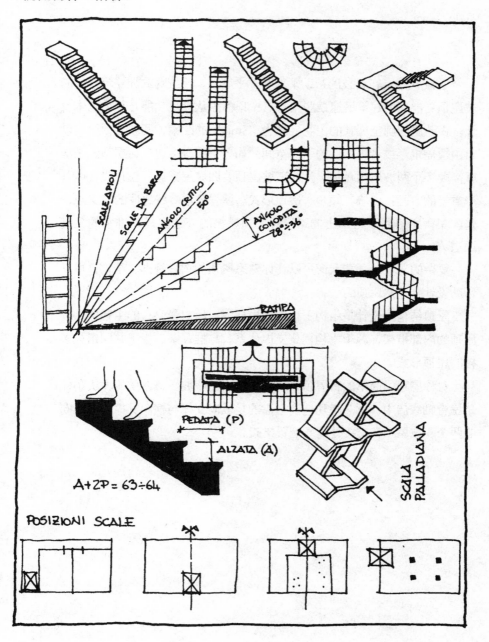

SCALE APIOU
SCALE DA BARCA
ANGOLO CRITICO 50°
ANGOLO COMODITA' 78°÷82°÷36°
RAMPA

PEDATA (P)
ALZATA (A)

$A + 2P = 63 \div 64$

SCALA PALLADIANA

POSIZIONI SCALE

尽管现代建筑在科技的帮助下发明了平屋顶，传统的欧洲建筑倾斜的坡屋顶更能帮助建筑迅速摆脱雨雪。屋顶覆盖从满足功能升华为艺术设计。古希腊门廊上屋顶的山花，称为"Stoài"的图案，两坡屋顶下可以自由覆盖矩形或者正方形的平面空间。如果平面是多边形，屋顶的做法就需要多个两坡屋顶叠加，生成三坡屋顶、四坡屋顶等。屋顶设计中几个重要的方面：山墙、倾角、屋顶形式。屋脊分水岭线之间的交叉点，是收集雨水沿着下行排出的路径；屋顶屋檐的外边界是外排水的关键通道。

　　复杂的双坡屋顶和天窗可以让你熟悉屋顶的划分规则、结构，可以帮助设计者开始屋顶的绘制。

　　屋顶结构的设计是结构工程中规模最大、历史最悠久的主题之一。屋顶的内部桁架，源于木构框架支撑体系，与挂瓦条、椽子共同组成多样的屋顶形式。

　　对称屋顶由简单的斜屋顶系统开始增加另一坡。该系统的先决条件是屋脊轴线居中。下一步建造要考虑的是纵向支撑与横向支撑：纵横向的两个双坡屋顶在交接处需要配置梁架。

机械构件（屋顶）

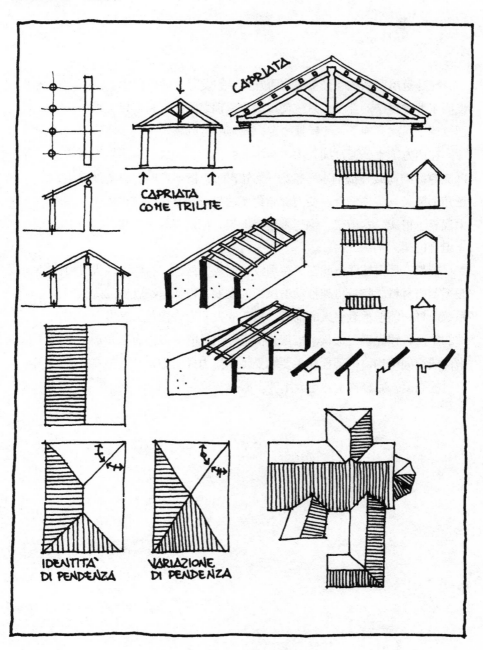

CAPRIATA

CAPRIATA
COME TRILITE

IDENTITÀ
DI PENDENZA

VARIAZIONE
DI PENDENZA

在建筑屋面系统中最重要的西方世界的发明是梁架和椽子。在东方，发明了非常复杂的斗栱　系统使墙面和屋顶之间的支持连接变得统一。通过椽子、梁、柱子，让屋顶稳定，抵御雨雪风霜。

在西方国家，通过插入由木头制成的桁架，构成三角形桁架系统，以支撑纵向荷载并抵消水平推力，另外，防止桁架弯曲。整个建筑中，三角形桁架与梁柱结合，使内部结构无法变形。常用的有钢桁架、预应力混凝土桁架、木桁架、钢与木组合桁架、钢筋混凝土桁架、钢与混凝土组合桁架。

桁架，是由杆件彼此在两端用铰接而成的结构，在跨度较大时可比腹梁节省材料。随着桁架推动坡屋顶的发展，桁架系统就像三陇板门楣系统一样，能够承载更大的荷载。桁架的发明允许覆盖大跨度无中间支撑的空间，预先确定形状。桁架是由直杆组成的一般具有三角形单元的平面或空间结构，桁架杆件主要承受轴向拉力或压力，从而能充分利用材料的强度，减轻自重并增大刚度。

1.7
语法结构
Syntactic Analysis

　　波普艺术家克拉斯·奥尔登堡 (Claes Oldenburg) 设计了一个博物馆中的房间，在那里挂着一排衣物、枕头、泡沫坐椅等物品，这些物品在空间中，显现出理想化的松散状态，不存在刚性的感觉，这是由帆布和海绵的材质属性造成的。它们具有一种符号含义，该体系结构让人产生联想，但是并不直接表示任何意义。

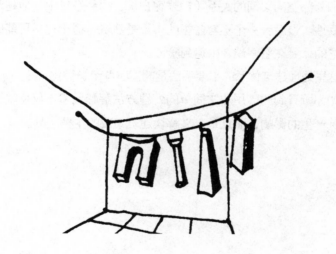

现在我们已经熟悉许多建筑组成的元素。即使单独呈现时，某个体系结构本身也并不是孤立的存在，比如屋顶、拱券和墙体。分析建筑可见，每个元素都不可或缺，它们源自维特鲁威时代，源自"实用"、"美观"、"坚固"，经历史检验被放置在人类建筑体系中。所谓建筑传统，并不是无序的自由，而是根据基本的语法结构代代相传并加以创造的。

有一个关于建筑系统的问题，即各元素组合规律；再有就是建筑在从地面拔地而起的过程中，如何稳定基础；还有为了获得所需的高度，需要采取何种结构。我们要做到同时考虑到一切影响因素。通过建立内部空间和外部空间之间的关系（门或窗户），得到系统中其他建筑符号间的关联性。最后，一个不容忽视的事实是建筑是适于许多可能的共同配置，它的体量在空间设计中得到验证。

在这里处理建筑体系的主要手法是韵律、群组、衍化。

正如你所看到的，用非常简单的处理方法解释元素不仅反映这些元素对建筑产生的影响，而且是定义解读建筑组成的主要工具。

1.7.1

建筑体系：加法和减法
Construction System: Addition and Subtraction

正如我们所看到的，墙可以封闭一个空间，比如围合成一个房屋。内部隔墙可以从门廊用玻璃封闭，以获得更通透的形式，成为一个通道，同时阻挡雨水和日晒。

想象简单的形式，我们可以说一个空间可以居住或通行：用视图表示为点和箭头，分别可以表示停留和去两个基本动作。

如果想象一个私密的空间，我们可以想到屋顶和一个圆形全封闭式的墙壁（如非洲常见的土著小屋），或四壁互相垂直的空间（如在古希腊前的地中海地区的梅佳农）。住宅的功能区域，包括多个独立的空间：卧室、客厅、功能房、起居室、餐厅等。

建筑这一过程还与人类学相关，通过它我们分析人的行为，并且在建筑方面有着显著影响。

从一开始，建筑设计的基本手法是通过获得成熟的单元空间设计和扩大类似的单元群组来形成建筑群。也就是建筑体系中的加法和减法。

从设计的一个单元增加到多个复合单元，是水平方向和垂直方向的加法和减法。古罗马的住宅空间形式，就是在一个正方形平面基础上，利用减法加以分割，和利用加法不断重复的一个过程。

从古罗马时代的威尼斯广场，到当今罗马城外大片的现代化住区。我们都可以总结出同样的规律：基本单元及它们规定的平面都是相似的，而在空间中倍增的只是遵循了简单的法则不断复制或衍变，单元群根据具体布置规律，如轴对称等，具有紧密的内在逻辑关系。

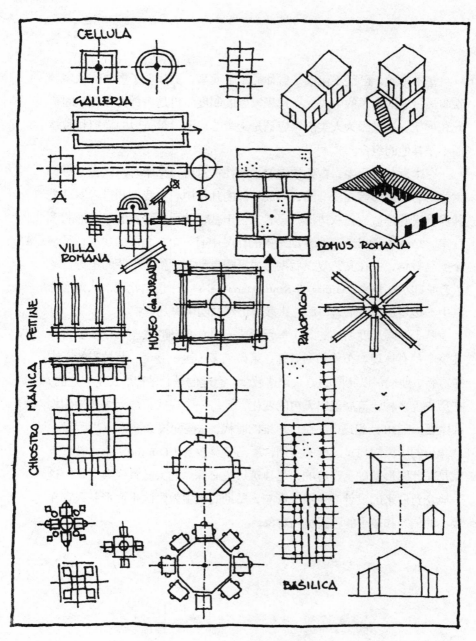

基本单元，已经不仅仅是群体的组合元素，更体现了重要的秩序。希腊最古老的房子的中央大厅代表家族的制度，更是一种古典庙宇的单元和形状。这是因为人类的家应该是上帝的房子，是圣殿的模拟和微缩而不是其他的组合。

在本章节图示中，古典住宅的平面往往对应一个中心，以正方形、六边形、八边形等围绕一圈，形成精确的几何中心。我们知道古罗马公共澡堂设计建造成正八边形，灵感来自于基督教用于洗礼的八角形的水疗室。16世纪中叶，在米开朗基罗的作品中有一个八角形的建筑，是一个罗马教堂，并在文艺复兴后期形成了规定形制。佛罗伦萨的圣母百花大教堂的小礼拜堂 (Basilica di Santa Maria del Fiore) 也同此理，八角形的其中一边增加正方形入口后，小教堂仍然面向中央几何中心。

基于不同尺度增加的几个单元形成一个八角形的底座，在很多古典建筑中都有体现。布鲁乃列斯基、莱昂纳多·达·芬奇、菲拉雷特、布拉孟特，他们都以相同的方式建造教堂。有趣的是，尽管形式是固定的，在历史上各种建筑展现出无穷的变化，且每一个模式都成为永久性的构成主题。在18世纪这个系统化思维的时代，这些配置会被称为"类型"：八角形的中央规划是这样的实用，罗马多莫教堂（Duomo，指主教堂）就是在此图形基础上建造的，是建筑历史必探讨的大教堂经典之作。这一概念对后来的设计产生很大影响，后期的天主教堂的平面形制只存在较小的偏差和较少的不同类的对象。

设计的历史历久弥新，形制可分为持久和衍化（例如，方形平面图）之间的变化是一个很好的例子：从布拉孟特的圣彼得大教堂，到帕拉蒂奥的别墅平面，再到路易斯·康的埃克塞特图书馆 (la Biblioteca di Exeter di Louis I.Kahn.)[1]：三座在空间上富有韵律的建筑具有相似的形制及不同的功能，但至少在所述系统中，它们之间存在传承的联系，采用了相同类型的设计方法。

我们再去看看其他的情况。空间的加减本身就是建筑的主题，画廊设计包含潜在的流线，包括从 A 点引出到 B 点的路径，这意味着建立一个走廊，或者更确切地说，建立一个隧道，虽然画廊是一种建筑类型。历史会记住像萨比奥内塔 (Sabbioneta)[2]一样，在凡尔赛宫、梵蒂冈的那些世界著名的长廊。

画廊是供人通过从一个状态进入另一种状态，所以空间上是从一个场所到另一个场所。一个画廊，也可以像元素一样分布，因此，给画廊提供进入最基本的单元即长条形空间，可以是整个或分散路径，并通过路径的变化构成一个更复杂的方案，我们称之为路线的发展演化。

中庭是由彼此不同的方式围合而成的：沿着正方形或长方形的四边布置建筑使中庭的地位提升，无论是 18 世纪乡村的修道院或文艺复兴

53

---

[1]　埃克塞特学院图书馆（路易斯·康，Louis Kahn）：菲利普·埃克塞特图书馆是建筑瑰宝，彰显了康对砖材的敏感与和谐的使用以及他运用自然光的高超技艺，是路易斯·康最优秀的建筑物之一。

[2]　萨比奥内塔 (Sabbioneta)：萨比奥内塔于 16 世纪下半叶建成，见证了文艺复兴时期的城市、建筑及艺术的辉煌成就，以长廊的形式衔接主要的 11 世纪的圆形大厅，以及一座巴洛克风格的剧院。

时期的宫殿，中庭四周都有门廊或类似修道院的回廊，而其他单元，如食堂、提供住宿的房间则安排在远离中庭的后场。

有时，建筑体系的演变时间是漫长的。门廊在西方建筑史有着重要的地位，比如希腊集市往往成四边形布置，每一侧都有长廊，用于商品贸易。有的时候双侧都有狭窄走廊，随着历史的演变形成平行于中庭的宽敞的对称门廊。

在希腊时期，特别是在古罗马时期，人们利用两排骑楼之间的小广场（也作为集贸市场）来建造教堂周边的集会区，同时小广场也是商业、生活的载体，满足人们的需求。今天，很多的工厂被改造成教堂，作为基督徒礼拜的地方：在每个过道的尽头，会设立主神坛，而在对立面，设立壮美的壁画或门楣，同时构建了一个大前厅将它们衔接。

不是所有的建筑类型都可以追溯到画廊和中庭，加法和减法是最简单的处理要素手法，甚至可以说它们的运用范围有较大的局限性（因功能、空间而定）。但是正是由于它们的特殊性，可以让空间产生戏剧性的效果，它们的逻辑贯穿了整个建筑史的发展。时代的改变让人们的生活日益高效和方便，空间的系统模块化般不断生成和衍化。

垂直分布：三段式研究
Vertical Arrangement: Base-Body-Crown Succession

每个建筑拔地而起向天空延展，这是自然的建造行为。因此每一栋建筑的建造本身就是将地平面与天空相连的实现过程。

以希腊神殿作为参照：它的基底，伴随着地面的升起，由地基、台阶和石柱构成。同时在石柱上，有丰富的装饰，如尖顶的拱券、植物饰或兽形饰等，它们由地平面延展到天空。

在希腊哲学里，保持树的形态是很多寺庙设计的根本概念，承重的大理石逐步向上方延伸，是科学技术和工程技术的伟大成就。

寺庙的柱廊被认为是树体本身，这是典型的从下往上地解读建筑的模式：基座、本体，至高无上。从一系列古代纪念柱中可以看出，纪念柱的主干，也是属于树的比喻，这反映在古拉丁语法结构中。

古老的建造师在评估他们设计选址上的建筑有一个重大的原则，也是他们建筑的第一步：在盖房子前希腊人在石头上架设祭坛，用丰富的祭品和牺牲的纹饰，装饰建筑门楣，拜祭神灵，为建筑祝祷，久而久之成为后期古典建筑山花纹样雕刻的惯例。

我们知道罗马的著名案例（神秘的庞贝古城），其中建筑都是在巨大的大理石基座上建立的。有些建于15世纪的古罗马和佛罗伦萨的别墅和宫苑同样保留了壮观的基座。

事实上，古罗马和佛罗伦萨的宫苑在当时已经实现了对基地的改造。在 15 世纪，拱券地下室是基础支撑结构，这在后期哥特式城堡中的建筑设防方面起到巨大作用，被运用于堡垒或要塞的建造。这些情况下，一楼地面以上的壁呈梯形截面，如挡土墙：从外面看它，是由一个斜壁延伸到上层，这种方法运用于卡帕罗拉的法乐赛别墅 (Villa Farnese in Caprarola)[①]和杜塞尔多夫宫 (Palazzo Mannessmann a Düsseldorf)。辉煌的柱式还可见于阿尔伯蒂的杰作，例如佛罗伦萨的鲁切拉宫 (Palazzo Rucellai)[②]。

巨大的基座是古典宫室不可或缺的部分。基座上的琢石是一种粗糙墙壁表面的处理，是凿成的石头。实际上，这些石块被适当地雕刻，尽可能规则地拼贴在表面。在非常有限的区域，由泥瓦匠精细加工，使得基座成为一个富有光影效果的地方。

显然，很多现代和当代的建筑很难用连续的立式底座。比如在罗马的法尔内塞宫和在纽约的毕尔巴鄂古根海姆博物馆。然而，应该指出的是，序列中，需要这种古典和尊严的形式，紧密地与有关架构相连，表达建筑与土地的关系以及它与天空的关系。此外，特别是在现代建筑中，一些大师的设计是逆向思维：打破原有的设计规则，这是一种运用与传统设计相悖的方法来找出新的设计的规则。

---

① 法乐赛别墅（Villa Farnese）：位于意大利卡帕罗拉（Caprarola），是文艺复巨匠贾克布·巴罗斯的传世之作。

② 鲁切拉宫（Palazzo Rucellai）：是意大利佛罗伦萨鲁切拉广场上的一座 15 世纪宫殿，由莱昂·巴蒂斯塔·阿尔伯蒂设计，建于 1446 年到 1451 年。其美丽的柱廊立面，归功于阿尔伯蒂对罗马斗兽场的大量研究，同时也充满了创造性。立面的三个楼层也使用了不同的古典柱式，底层为塔司干柱式，第二层为爱奥尼柱式，第三层是简化的科林斯柱式。

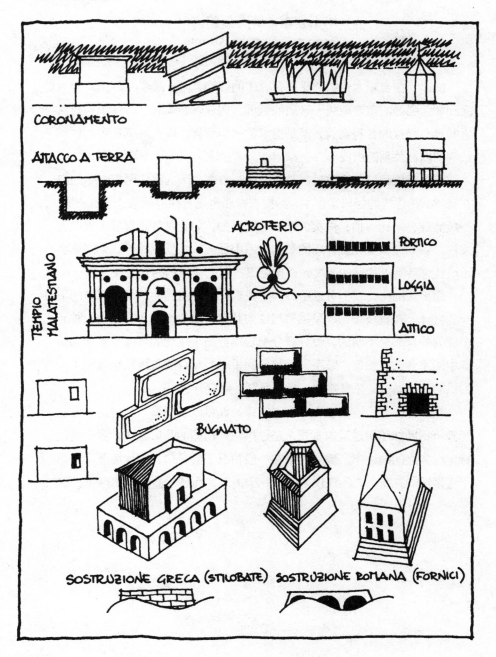

CORONAMENTO

ATTACCO A TERRA

TEMPIO MALATESTIANO

ACROTERIO

PORTICO

LOGGIA

ATTICO

BUGNATO

SOSTRUZIONE GRECA (STILOBATE) SOSTRUZIONE ROMANA (FORNICI)

57

1.7.3

水平分布：节奏与韵律
Horizontal Form: the Rhythm

韵律，在音乐术语中"是声音有序的律动，基于美学，其中又分为强和弱。强劲的重音取决于音质的低沉，弱音婉转柔和"。音乐和建筑之间具有相似的各种隐喻，都是追求韵律与节奏，以求准确地表示体系结构的内在关系的组成。

可以想象我们一边敲鼓打节奏一边听着歌，因为我们明白音乐的内在规律。在建筑的经典案例中，帕提农神庙也是宏伟的乐章：一列一拍，一段静默，一列一拍，再次沉默，一列一拍，如此种种。重复出现的支撑柱，例如在多立克式神庙的结构体系中壮美的多立克柱子，如同演奏（或让你聆听）稳健的节奏，就像翻滚喧嚣的斗兽场的外墙柱廊。

想更加细化，我们可以给每一个我们已经注意到的两个元素分配不同的音律。在竞技场，那里拱形与柱列共存，拱的组成与在帕提农神庙中柱列的含义是不同的。设计者分配轻拱券高于跳动的穹窿（就如同乐章中的重音），想象"鼓手"抬起他的手时，观众的眼睛从轴线和下一列拱的轴线通过：乐章响起，拱券飞跃，穹窿升起。

像一首曲子，建筑也有一个主旋律，你可以"演奏"。而这方面的经验将帮助你了解建筑的本质。通过拱门或门楣的开口方式，我们处理特定虚实之间的比率。虚空间是在一般情况下的开口，实体墙壁即产生不连续性的打断。它不仅仅是比喻一个关系，而是建造的事实存在。

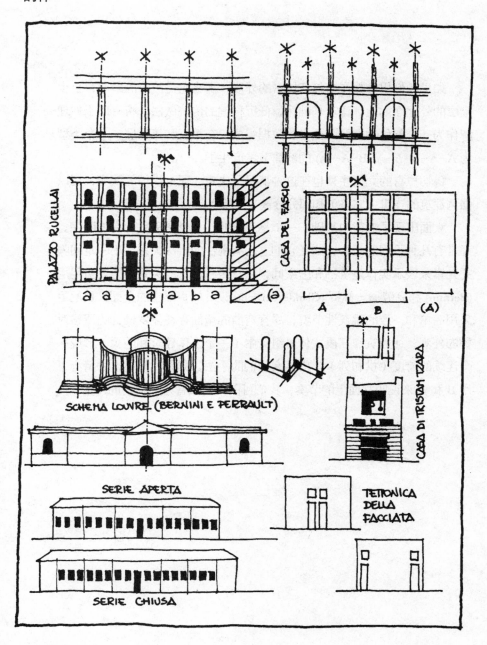

如果我们用分数作为鲁切拉宫的外观，那么它是流畅的节奏，至少上层的外立面如此。建筑基础保留低沉稳健的传统做法，将有助于你理解作为一个整体的立面由更多的数据组成。在第三和第二层，一个类型为 A-A-B-A-A-B-A-(A) 的韵律节奏产生了。

鲁切拉宫的立面序列也在这种情况下决定，通过拱门的演变，用以强调建筑的连贯（完整）和部分分离（空隙）。

立面出现了韵律的基础：一个是完整的，一个是重复的常规顺序。经常有几种不同的组合，如在它们之间有刚性的层次关系。用一定间隔的元素来表示实体建筑物和虚空间，以及对称轴对应关系。比如贝尼尼 (Bernini) 和克劳德·佩罗 (Claude Perrault) 设计的卢浮宫的立面：贝尼尼采用简单和一致的跳跃性节奏，尽管弯曲的墙面存在佩罗设计的严格对称的外观，让建筑在三段式体量组合中（一个主体建筑和两翼）形成一个连续的跨度（拱和列）。借鉴大师们的手法，如果我们在这种情况下用 B 和 A 来说明立面上的节奏，我们可以写出如音乐般演奏的乐谱。

1.7.4

空间的组合
The Composition of the Space

体系结构的组合不能被限定于平面的研究中，其设计扎根于地面，而灵魂上升到空中。体系结构有三个维度，平面、立面和体量。抓住整体本质上是空间概念的体量研究。

在写作于 1923 年的那本小而精华的书里，勒·柯布西耶有一段至理名言：

> 建筑是人类的智慧之光，
>
> 是精湛、
>
> 智慧、
>
> 宏伟的游戏。
>
> 我们的眼睛，
>
> 将形式摄入脑海。
>
> 在光照下，
>
> 阴影和高光显示形式；
>
> 立方体、圆锥体、球体、圆柱体或锥体，
>
> 这些是抽象出的伟大的初级几何形式。

或许，在那个提出问题的时刻，勒·柯布西耶永远没有结束问题。他的话是如此诗意，无可挑剔，这是因为从那以后没有人质疑他所提出的建筑体量组合的本质问题。

实际上你可以摸索不同的模式分类（我们也可称之为策略，并了解它们的方式）。我们有一位德国教授，迈克尔·威尔肯斯（Michael Wilkens），对这项工作分享出如下一些经验。

两个或多个体量可组合的方法包括：自由组合、叠加、紧凑、复制、简化、系统化、渗透。你可以比较的体量是不兼容的，建筑物在空间上的体积，包括建筑的长度、宽度、高度。建筑体量一般从建筑竖向尺度、建筑横向尺度和建筑形体三方面提出控制引导要求，一般规定上限。美国建筑师弗兰克·劳埃德·赖特形成了所谓的"自由立体构成"（cubi di Froebel），50 年后，在包豪斯，阿尔玛（Alma Siedhoff-Buscher）设计的体量组合游戏与赖特的空间设计游戏理论上是一致的。

相邻关系——建立接近。这被认为是靠近，属物理上的特殊近距离位置，具有象征性。以教堂和钟楼之间的关系为例，通常情况下，钟楼，是方形平面，教会本身的设计要求钟楼是相当孤立的，离教堂不远。威尼斯的圣马可钟楼实际上是教会的门面，是威尼斯的政治、宗教和传统节日的公共活动中心。直到现在，这两个建筑物（教堂和钟楼）的相邻关系没有因为现代建设有任何变化，它们一起在威尼斯广场形成强大的中心。

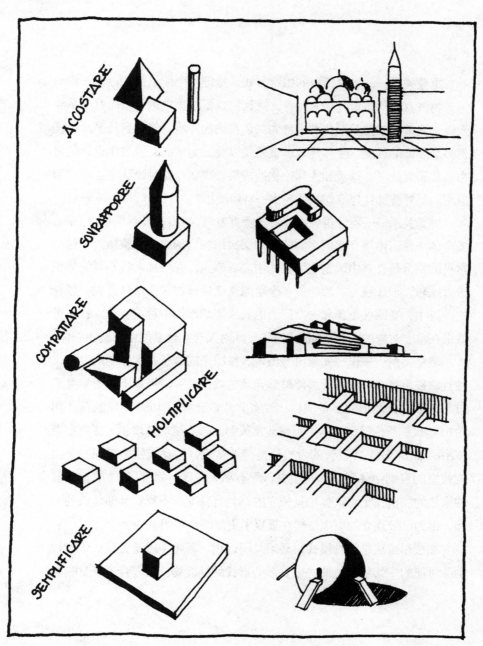

63

重叠关系——是最简单的组合方式，是把两个体量叠加，使一物与另一物占有相同位置并与之共存。萨伏伊别墅这栋白房子表面看来平淡无奇，简单的柏拉图形体和平整的白色粉刷的外墙，简单到几乎没有任何多余装饰的程度。主体建筑体量就是以叠加为主的，模数化设计是柯布西耶研究数学、建筑和人体比例的成果。现如今这种设计方法被广为应用。另外叠加让建筑作品体现出一种雕塑感。

拼凑关系——不像重叠往往沿着垂直方向，拼凑多发生于水平方向：多个体块紧密地建立它们之间的内部层次结构，构成一个整体。一种最常见的情况是在其中确定它增长的中心、节点，并与加入时不同的体积进行比较，形成统一。赖特的多个草原住宅设计都采用这种方式：赖特的建筑中，宽四坡屋顶和一个巨大的石头壁炉作为一种主旋律，让体量效果在单个对象的中央空间达到深化，同时又与其他功能空间融为一体。

重复关系——单一元素再次出现、按原来的样子再次复制的过程，并且它被重复的次数等于最终群体元素的数目减一。概念上的重复关系核心是乘法，而指的不是网格。许多北欧设计师在 1950 年代的荷兰和 1970 年代的丹麦已经使这个系统非常成熟。丹麦建筑师埃尔·贾克布森（Arne Jacobsen）所设计的学校就是经典案例，其建筑物之在同一个类型教室的复制中体现，非常明亮，配有私人花园，重复了 21 次。体量的乘法的秘密在于建筑体块是独立的，具有特征，不需要其他体块的干预，因为已经建立的层次结构在重复中更加特点鲜明。

加法和减法是两种模式，必须共同运用。简化手段是为最大限度地消除可能的一切复杂，使一个复杂的形式纯粹简约。而复合设计意味着

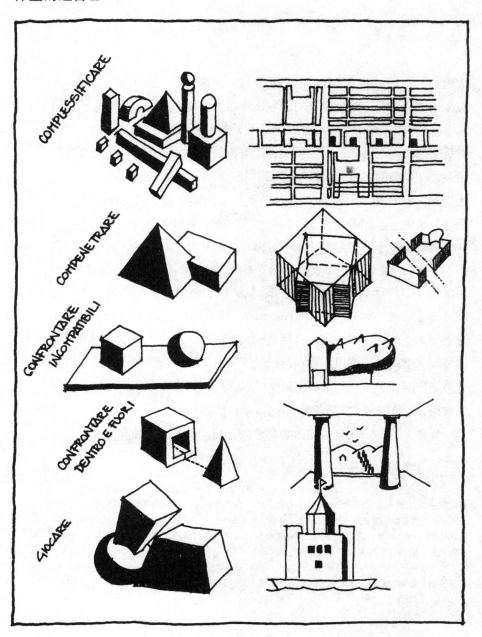

大胆尝试一切可能的手段，材质的突破，如装饰品、金属丝，技术的大胆激进的创新等。简化设计的意思是"尽可能减化单个体量中的多元元素"以"使体积表现出原来的形状，反映其几何本质"。"繁"与"简"总是交替出现的：18世纪巴黎的剧院有责任地为城市景观贡献它错综复杂装饰和雕刻的建筑立面；而另一时代，罗马剧场萨贡托（Sagunto），由乔治·格拉西（Giorgio Grassi）①做出的新院重建，以纯粹的体量展现了与历史意象和考古有传承韵味的简单的返璞归真的大盒子体块。

钢筋混凝土的引入意味着建筑物自由设计时代的来临，可理解为空间的最大简化。有趣的是柯布西耶的方案，他的"建筑的五点设计要素"中反映了20世纪复杂的室内空间。从萨伏伊别墅到昌迪加尔的圣玛丽修道院（Sainte-Marie-de-la-Tourette），都是简化与复合穿插的案例：进入一个走廊，走向下一间双层高的大客厅，爬上一个斜坡，俯瞰下方的房间，继续经过通道，发现自己就像穿过某种隧道。在设计博物馆等复杂场所时，如詹姆斯·斯特林（James Stirling）②为了达到其设计的空间效果，也常常设定简化和复杂的体量穿插。

复合关系——在组成整体的各要素之间，表现为一种互为依存和互

---

① 乔治·格拉西（Giorgio Grassi）：新理性主义（Neo-rationalism）代表人物之一。新理性主义，20世纪60年代发源于意大利，是与后现代主义同时兴起的另一场历史主义建筑思潮。主要成员包括艾莫尼诺（Carlo Aymonino）、乔治·格拉西（Giorgio Grassi）、阿尔多·罗西（Aldo Rossi）等。新理性主义既是对正统现代主义思想的反抗，也是对商业化古典主义、后现代主义的形式拼贴游戏的一种批判。（p.66）

② 詹姆斯·斯特林（James Stirling）：著名英国建筑师，1981年第三届普利兹克奖得主。代表作品有斯图加特州立美术馆，剑桥历史系图书馆，康乃尔大学表演艺术中心等。（p.66）

相制约的关系，从而显现出明确的秩序感，仍然致力于建立统一。相互渗透的要素案例如彼得·埃森曼（Peter Eisenman）[①]的Ⅲ号住宅，深入诠释了复合的方法：两个体块不是简单地将一个插入到另一个，而是在穿插中进行体积转换，改变或拒绝改变，部分地渗透。另一个例子是威尔肯教堂，墙面有秩序的凹凸和玻璃窗形成了虚实相映的一个位于城市中心的小的历史建筑，令人难忘。想象一下，一个被道路一分为二的教堂，以正确的逻辑排列在道路两旁。已被切断的部分，在一个倾斜的坡道上，教堂在隐喻的逻辑下依旧让人有一种整体感。这就是教堂和道路实际的空间渗透。

组成的另一种方式，是对比关系——我们可以比较一下看似不相容的体量：造型、颜色、建筑语言和风格，从这一比较结果得出某种价值。格拉茨美术馆[②]无疑是一个说明这个创作策略的合适例子。它的特点是将 19 世纪的建筑（传统的语言，非常优雅，非常城市范儿）置于金属框架的后现代设计中，彼得·库克（Peter Cook）和科林·富尼耶（Colin Fournier）可谓放置了一个巨大的有机形式，形成了介于大型历史建筑和巨大的"外星生物"间的新的格拉茨美术馆。该馆坐落在格拉茨的历史中心，穆尔河西岸。这种"友好的外星人"已迅速成为历史和现代之间的桥梁，发挥着重要的作用。美术馆已经成为城市场景的特色，融入

67

---

① 彼得·艾森曼（Peter Eisenman）：美国建筑师。批评家拜茨基本在《破坏了的完美》中认为艾森曼、海扎克、盖里和文丘里，为当代建筑的"四教父"。

② 格拉茨美术馆（Kunsthaus di Graz）：格拉茨现代美术馆是彼得·库克和科林·富尼耶"生物存在式建筑"理念的体现和诠释。它不规则的前卫造型与周围传统建筑的视觉反差，使该馆被形容为"城市怪兽"、"外星人入侵"。

整个现代城市之中。

如前文已讨论的，所有体量组合的方式也适用于空间，即内部空间与外界的结合也是组合模式。这主要是因为组成策略的概述迄今还局限于体积本身。城市或风景，两者也是体量。我们不能因为建筑与外在环境不是概念中的体块就区别对待，因为让人们体验或享受户外空间也是设计师的职能。建筑的一个突出的亮点不是风景，而是景观建筑，典型案例是由安德烈·帕拉蒂奥设计的圆厅别墅。圆厅别墅（景观建筑）恰恰是观赏风景的最佳角度，从坐落的位置俯瞰河流进入树林，流向田野，体量组合渗透于内部结构，形成内外兼容的完美建筑景观。

我们这本书中讨论的方法与模式(或策略)都基于实际设计。请注意：游戏策略 (Giocare)——是在视觉上造成反逻辑的效果。简单地说，相邻、重叠、紧凑那些类似的体块，可以组合出比由传统规则所决定的建筑更有创意的效果。经典的游戏策略有：由阿尔多·罗西设计的剧院，宛若凌驾于威尼斯水上的建筑，是在去语境化的情况下，取一个简单的建筑对象，以静态的，而不是使之激进的方法让它脱颖而出，犹如现代派杜尚的风格。

剧场中小立方体的组合方式与赖特或勒·柯布西耶提出的那个问题有异曲同工之妙。在回答这个问题的过程中，在探讨体量组合的道路上，在实践深入和于挫折中吸取教训，在研究各种配置可能的不懈尝试中，建筑师赋予工作崇高的意义。

第二章　工具、材料、策略及建筑构成定律
Tools, Materials, Strategies and Composition Principles

　　建筑元素组合学和语法逻辑学，在解析建筑平面以及空间上，属于分析方法范畴。理论上虽然未涉及具体的实践，但功能上可以进一步拓展成为操作和设计的本源。我们不断地学习建筑、表现建筑，学习激发思维，进而形成对建筑设计构成逻辑的认知，通过学习我们能记忆已有的经典建筑，通过学习我们能系统运用"建筑语汇"的方法来阅读建筑深层的含义。

　　基于这一点，在此我将介绍一系列典型、常规的建筑构成策略，这些策略是"百宝工具箱"的一部分。需要说明的是，不仅这些策略本身蕴含着极为丰富的变化，需要读者在今后的操作中细细体会，同时策略亦可与新型技法结合，衍化出新的技法和璀璨的成果——由于篇幅所限，在此，我们只讨论这些构成策略的本源和定义。

如何表现，如何建构，以何为参照，这些问题源于对建筑的理解，同时发人深省的是为何会有这些问题的产生。这些问题反映的是表象，而深层含义是，如果没有关于建筑表现与构成的基本知识，设计者是不能解决建筑构成问题的。只有经年累月的建筑语汇积累，注入思想（与灵魂），才能使设计与构成变为可能。当进一步了解和掌握之后，就能实现对建筑语汇的解析。

　　所有这些方面看似多元、复杂、琐碎，其实都是高于建筑表象的本质，分析建筑构成的问题，并且辅助教学相长。

　　建筑的本质是基于建筑设计、构造技术、历史观念和形式认知的一种综合产物。我们关于探究建筑构成的疑问，是一个恒久的课题，它既能解析古建筑，又延绵至今启迪现代新建筑。

2.1

工具：用于表现和构成
Tools: to Represent and to Conceive

　　菲拉雷特所画的亚当，正如我们所看到的那样，用手遮挡在头顶上方，形成一个屋顶的形状。在这里，亚当的手是独一无二而又是情势需要的，类同于建筑构成中"屋顶"，进而衍生出我们常用于设计的一种工具。这也是常用于草图和创建模型的手法。这种工具在建筑师的手中将转化为更为具体的一种行为，将它进一步实践成为设计方案。然而以后的工作将不是建筑师的职责，建筑师提供可行的完善方案，真正建造方案的是受委托方，比如建筑工人和石匠。

　　简·米利（Gjon Mili）和毕加索曾经共同创作了一系列电光画作：在一张照片(1949年)中米利描绘毕加索在空中用手电描绘动物的剪影。这种光电画作是非材质性的存在，只是手的轨迹在空气中划过，用相机合适的曝光时间来记录绘画，这种艺术无法存留于可供长期保存的纸张上，强调的是一种即兴与当下的表达。很多时候，在建筑学校的课堂上，学生作为一个建筑设计的新手，用手势和肢体语言将他的想法、主题以及所有想表达的数据，用隐形线在空中比划：打算这样做，这是组合体量的方式，得到这个有机的单元，然后……最终的答案总是一样的。老师会问一个问题："你为什么不画？"然后得到回答："我还画不出"，更多的回答是，"因为首先我想知道，它是不是个好方案"。

这是种心理上的惰性，或是对于手绘表达思想的抵触，会影响和妨碍学生进一步表达思维和设计沟通。突破自己的惰性是学习进步的关键，或者我们可以通过学习大师的草图来受到启发，同时应该选择现代西方建筑师的草图而非 18 和 19 世纪雕塑风格的建筑制图。很多著名现代建筑师的初期草图给人的第一印象并不舒适，它们表达不准确，甚至不太美观：不规则的图形，纠缠的线条，不宜人的色块，不规范的书写。然而，也就在这里，他们的画作本身是连接想象和现实的纽带，也是最好的工具——来实现可视化，帮助理解、表达、沟通和诠释，也让我们感受到建筑师为了放飞梦想，为了拓展想象力，为了摆脱束缚而经历的坚忍和不懈的努力。以奥斯卡·尼迈耶 (Oscar Niemeyer)[①]为例，他设计了巴西利亚大教堂（位于巴西首都圣保罗的天主教大教堂），尼迈耶在草图中用一种粗线笔画了寥寥数根线：黑白代表体量进退与材质，第六条线代表水平视角，描绘手法浪漫而娴熟，一笔一画如同在描绘他所敬爱的父亲的明眸。

　　从传统角度和历史角度来说，建筑构成的根本源于设计：由始至终，如何将立体的三维物体或三维空间在二维的纸面上表达出来，是建筑设计的核心内容。人们利用精确而科学的手法，如正交投影，来精确绘制建筑的平面、透视和剖面。这是一种分析导向性的研究策略，是科学分析在实际工作中的反映。也就是说这是将现实的三维物体在脑海中分类解析，多维度地反映在平面绘图上，进行各个部分的综合性表达。

---

　　① 奥斯卡·尼迈耶：拉丁美洲现代主义建筑的倡导者，被誉为"建筑界的毕加索"。曾在 1956 年至 1961 年担任巴西新首都巴西利亚的总设计师。1988 年尼迈耶被授予普利茨克建筑奖。

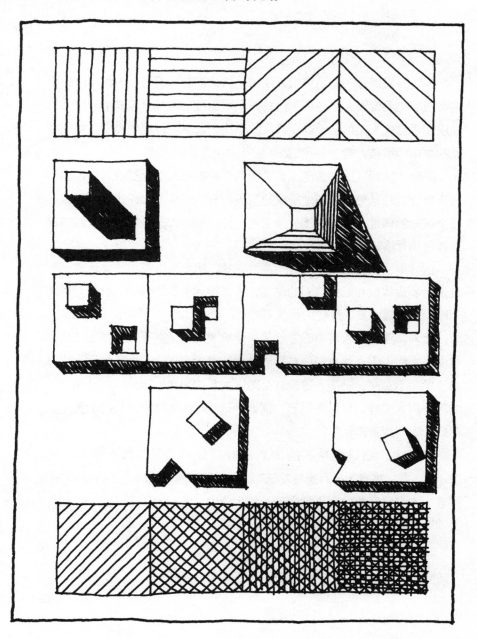

精彩的表现方式总是更引人注目，但我们要认识到，表现有时会混淆客观实物的含义："透视"这种语汇帮助我们理解已经成形的空间的性质和视觉效果，但至于表现透视的手法，及表现过程中需要用到的多元的数据和信息，则需要我们回归必要的建筑组成分析。

同时"轴测"这种表现工具更倾向于将真实的事物提炼为抽象的非现实概念，并且更加清晰地反映建筑各部分的组合方式：由什么构成，各个部分的体量与叠加，哪一部分是衔接，哪一部分是穿插，及最终设计如何相互渗透。

这其中，如何运用"阴影"至关重要，阴影可以有力地体现空间的进退，表达体量和三维空间的深度，表达物体表面的曲度，材质光感的明暗，以及透明度、颜色的深浅等等。

此外，建筑学教育中的手绘是十分重要的——在平面纸张上的徒手绘画水平线、垂直线、斜线对形成轴测的概念有很大帮助，最后形成自由手绘对于正交、轴测、透视甚至阴影关系的表达。因此，刚开始选择的笔不用太多样，可以在铅笔、钢笔、记号笔中选择适合自己的类型，然后开始"探索设计"。

事实上，建筑学草图的本质是对设计的启发，源于希腊术语"Euristico"，寓意为"启迪与发现"。让我们转述米开朗基罗的话："雕塑艺术本身已经蕴含在天然大理石的生命中，雕刻家只是开启了雕塑的灵魂，让它展现在光明之中。"

这道理如同在二维的纸张上绘画，我们的草图诞生其上，并解决所要探索的问题。由此开始，建筑师走上了设计之路，伴随耐心与坚持，追寻设计的线索，找出一条主线来串联多种精彩的创意，草图的推敲给灵光一现和深度探究带来了可能，最终帮助我们找到新的设计方法或解决不协调的问题，带来合理方案。

詹姆斯·斯特林的关于德国斯图加特州立美术馆 (Neue Staats-galerie) 的草图带给我们的讯息是建筑师一次又一次的推敲：反复地，仿佛无尽地优化设计。同一个项目，尽可能多地去展现不同的思路，在此基础上不断进行完善，之后再次深化草图更新方案。建筑师设计的过程强调的就是"创新"。

在这里，绘图的意义不仅是"表现手法"，更作为"思维的工具"：将我们脑海中的假想方案和尚不确定的线条具象化、现实化；并在绘制的过程中检验设计方案是否符合项目要求，是否超标，是否可行，诸如此类。

在西方建筑历史上，"表现与制图"是展现人类智慧与灵感的方式，被认为是高雅的艺术媒介。经年累月的文化积淀、传统认知，已经将建筑定义为多种经典形制。现实中常用的方法是根据建筑的功能对设计模型进行分类研究；同时建筑模型可以用于学习建筑构成，亦是推敲建筑建造方法的常用工具。

在用模型推敲方案的过程中，模型作为一种思维工具，其外在形态和由该形态所激发出的对设计的完善是相互的，在利用模型完善的过程中创意和修正总是交替出现的。建筑方案都具有历史传承性——少数特殊类型或仪典性建筑除外，方案本身具有历史传承的 "逻辑机制"，而非天马行空的自由发挥。同时，建筑模型本身的物理特性，对精确的方案学习、材质推敲、建筑语汇研究，都有很大的帮助。构筑模型不仅帮助设计师认知客观事物的外在形态，研究自然构成属性，实践设计方案，更是对设计方案可行性的有力检测机制。

　　不协调的比例，被忽略的初始数据，方案本身能否实现，这些问题都可以在模型中得到直观反映。尤其是最后影响方案实现的问题，直观表现在三维模型的各个方面，让建筑方案的优缺点一目了然。在此，模型，作为高效直观的检验模式，有充分的理由在建筑设计核心方法中占据一席之地。

材料：建造
Materials: to Construct

建筑，这一综合了我们的想象力、理念、创意的艺术，是通过建筑材料的构得以实现的（我们建立模型也是这个道理，是为了研究材料在实际建筑中的反映；材料的真实效果，是无法通过头脑想象代替的）。即，建筑的本体是"构造机制"。就像杰弗里·斯科特 (Geoffrey Scott)[1]在他的关于建筑历史的专著中写的那样：建筑的本质是重力平衡的模式，是支撑与荷载，其自然属性是多样的材料，如砖、石、木材、钢铁，所有这些材料构成建筑并使其具有某一种特定形态。建筑材料在一定意义上对建筑外观具有限定性，选择一种材料也就对建筑的建造设定了特定的规范让建造者难以逾越（但在卓越的科技参与的情况下，建造也可突破限定），并影响建筑师对于装饰细部及建筑构成方式的设计。简而言之，表述对建筑所用自然材料的"构造方式"就是在说明建筑的"建造法典"。

遗憾的是，在目前教育中这些建造法典没有被系统性地梳理。或者说，19 世纪的建筑师已经将传统建造法典系统化地组合在实践中。即建造材料的法则完全渗透在设计灵魂中，而非碎片化的参与。传统文化赋予建筑师一系列设计戒律，设计师不仅是建造建筑，也是在赋予传统文化生命。激进地打破常规的想法，是很容易从师长传播给学生的。而"文化象征"，如同我们在后面篇章将看到的，作为一种重要的工具，通过建筑师熟练的系统化设计，使建筑艺术和传统文化达到辉煌。

77

---

[1] 杰弗里·斯科特：(1884—1929)，著名建筑历史学家，著有闻名于世的专著 *The Architecture of Humanism.*

要将过于激进的思维逐渐引入正轨，就要通过对传统建筑系统化的设计训练，树立一种"建造认知"的思维。当然，现代科学技术的发展大幅增加了建筑材料的种类，创新了建造模式。科技的力量让建材体系更加丰富，让行业合作更加系统化，整合了全方位的高技术，形成"数据库"般的体系，让材料更加特性鲜明，满足多元的、分类独特的构造系统。

　　但是，在建造的时候，强大的技术支持，会淡化建筑师对建材的传统建造理念方面的关注，而将注意力集中在重量、采光、透明度等方面，尤其关注建造方法（或怎么建得更好）以便解决遇到的实际工程类问题。根据以往的经验（到目前为止），这是很普遍的现象。

　　这就像鲁滨逊·克鲁索（《鲁滨逊漂流记》），遇到了船难，漂流到一个无人的孤岛上，需要从头开始建造抵挡风霜雨雪和抵御野兽的庇护所。这种情况如同我们故事中的亚当一样，寓言都是很好的启迪。建造，应当首先设想一套建筑设计架构，一步一步深化，从基础开挖，直到完成项目的最后一个元素，如阳台上的护栏之类的。这一系列的设计和建造经历的背后蕴含着理念和意识，而这些设计理念是工程类技术手册所不能表达的。

建筑材料与设计的"概念塔"

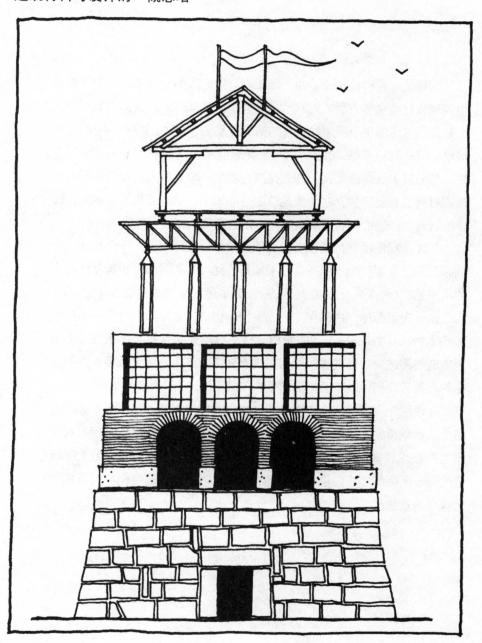

在建筑材料和建筑设计的"概念塔"中，人们学习知识是为了更好地表现设计的诸多方面，同时"构建科学的认知"。让我们设想一下，大部分西方建筑史上所用的材料包括了混凝土、石材、钢材、木材、砖、玻璃、帆布材料等等。想象一下，你利用所有这些材料建立一座未来之塔。想象其中的建造规则，那就是渐进重量：根据重力的作用合理组合建筑材料。那是因为，在传统建筑建造原则中，塔必须根植在地上，较重的材料和较轻的材料在垂直空间中依次叠加，顶端为最轻的材料。

首先，我们用石材筑就塔的基础。石材与木材不同，不会有腐烂的问题，只是需要向地下深挖，用于地基的建设，如同古希腊神庙柱基下的水平基座（Stylobate）。在此基础上，为了进入厚实的石墙围合的空间，入口设计应运而生，由门楣支持的大门，构造方法是以石材为导向的构造法（Trilite, Trilithon），即两根立柱支撑门梁的系统，该系统可追溯到古老的建造史。通过该门楣大门进入建筑内部，在梁上搭接一系列支撑的石板，我们可以获得一层水平的楼层平面。

在楼层之上，我们会建立以砖材为主的墙壁。其入口，根据砖材的特性以承载重力的拱券作为大门。每一个拱券，在建筑内部，都是利用古老的技术，即砖材和混合砂浆（就是罗马人称之为Caementa）所筑造的用于平衡纵横方向重力荷载的精良结构。拱券平衡各向荷载是那个时代所造就的完美杰作。

在那之上，我们可以建立框架结构和钢结构的新一代墙壁，这代表钢筋混凝土时代，采用方形入口设计。此时，我们已经可以摆脱如木材的束缚。对于材料表面的纹理，从木材天然的结痂和质感过渡到更加自由的设计，我们所熟知的野兽派风格的建筑，有着混凝土艺术鉴赏家的印记。细部可运用石膏条带，让结构明晰，我们可以运用混凝土预制板，与砖材相结合，这种手法风靡于现代建筑设计。

在这基础上建立的阁楼，可选择在地板上建立金属铆接，一个全新的金属框架结构形成了，包括梁、柱和整个支撑体系。连接方式可选择使用螺栓或焊接。这种构架一旦完成，就可装配一架金属梯作为交通空间。我们将在其上构建木构建筑体系，着重引入桁架的概念（我们不能忘记桁架），同时在木材间穿插板壁和玻璃砖。

在该建筑体系之上，我们再建立两个木质框架结构。木框架间用绳索拉接，绳索间可用白色的亚麻帷幕覆盖。尽管绳索拉力是非常紧绷的，在风力作用下，帷幕在空气里会有稍许的飘动。

这座塔的建造很必要关注各部分连接的方法。每一次建筑材料的转换，从砖切换到水泥，或从钢材衔接到木材时，这些材质的变化，都需要你加以过渡"设计"。

关于屋顶覆盖有多种做法，包括屋顶板覆盖、屋瓦覆盖、防水与金属衔接（Faldali）[①]，或举高屋脊、屋瓦和百叶类材料覆盖叠加（产生丰富的投影线），同时穿插其他材料，形成丰富动人的构件细部，用链接或搭扣来衔接。这是一个值得深入探讨的课题，包括了如何衔接各种材质、不同体量和不同建筑物，这不仅是一个关于如何建造的课题，而且是一个关于组合原理的课题。出于这个原因，我们饶有兴趣地讨论"衔接连续性"和构成本质的问题，那就是建筑的形式。

此概念塔可以灵活地拆除或改装。让我们设想多样化的规则，让设计的过程走上光明之路。我们之前所探讨的塔，核心规则是重力作用。我们也可以逆向思维：如果材料的叠加顺序颠倒会发生什么？如果你只采用 1850 年之前所用的材料，会发生什么？是什么让它拥有现代建筑的风格与符号？

在构成上组合和拆分，形成新奇的形状，无论如何自由组合，其内部核心的定律，就是符合大自然的万有引力定律。

[①] 意大利语专有名词，无中文释义，指代屋顶与防水间的处理方法（多种）。

2.3

方法：记忆库
Modes: to Remember

拥有设计师般图形驾驭能力，用饱蘸墨水的笔，开启设计的理念，再加上良好的技术领域的规范知识，一位准备就绪的建筑师就坐在白纸面前了。

一会儿，他翻阅着手中的技术手册；又过了一会儿，他转动着手中的水笔；下一个时刻，他在灵魂深处思考着，探求被白纸所掩盖的灵感。然后，他突然跳起来，离开工作台。他要到哪里去？他的心里装着纸和笔，他要去旅行。

一栋建筑本身就是其他建筑的参照，世界上没有一栋建筑物是没有溯源的设计，或者，可以将建筑比喻为盎格鲁－撒克逊人[①]，是体系的"先辈"。所有这些建筑的构成，蕴含着建造施工技术和设计意识，设计人员必须掌握丰富的想象力和对于特定场所和空间施工的经验。总而言之，必须拥有自己的"记忆库"。我们每个人都有自己的知识储备，但记忆中的知识必须不断增加和更新。为了使记忆中的知识运用得更高效，建筑师必拥有深厚扎实的基础，所涉猎的范围要广博，当然关于所使用的建材的知识也要广博，以便他可以游刃有余地运用设计手法。

---

① 盎格鲁－撒克逊人（Anglo-Saxon）指代的是公元 5 世纪初到 1066 年间的民族，使用相近的日耳曼方言，民族包括盎格鲁人、朱特人、撒克逊人，分布在大不列颠和欧洲大陆，被认为是西方文明人的始祖。

这是包含了一系列关于场景、事物、想象的记忆。每位建筑师都可以用自己记忆里的知识来设计"建筑图谱"：个人的地域文化背景、事业与经历、所处的广场、生活的城市、园林、遗址公园、现代化的工厂、景观、周遭的人群。建筑师亲身经历的这些场所，作为个人所遇见或看到的事物，与在书报里所浏览的细节，通过旅行在场所中的感悟，相互映对，相互佐证。

　　每位建筑师都拥有自己的专属"建筑图谱"，存储着已经绘制好的草图，甚至连施工细节都已经过验证。这里是想象力的天堂，或许正如研究一本书或在聆听一个故事。总之，建筑师的"建筑图谱"，是为思维提供给养，是一个充满了灵感、方法、实际参照和想法的抽屉。

建筑旅行，是一种已经持续了很久很久的传统，这个传统延续了几个世纪，在传统中开阔眼界，转化着建筑语汇和建筑风格。

　　15—17世纪，罗马是建筑旅行的核心目的地。罗马之旅可深入古遗址，探讨维特鲁威对于建筑的规则，激发对测量和绘图的热情。之后，建筑师的视角深入希腊文明，深入帕埃斯图姆 (Paestum)，深入西西里岛。

　　在这里，建筑的多立克柱式源自纯粹的古代文明，而不是来自文艺复兴的论文和手册。18世纪对希腊和土耳其文明的再次解读，是对雅典和巴勒贝克文化 (Baalbek) 的重温，然后，经过旅行的洗礼，建筑师重回桌前，带着所收集的语汇和风格，开始对建筑形式进行新一轮的设计。

　　到了19世纪，随着罗马风与哥特风建筑的风靡，建筑师总结出西方古典建筑类型学及分类的核心特征。世界博览会某种程度上让世界变小了，让人们只要去伦敦或巴黎就足以看到最奇特的艺术和建筑，并了解各国的壮丽奇观。这些博览会也成为设计指南和目录，博览会上的建筑成为建筑风格类型强制性的参考：不仅是对于古典建筑，也是对于罗马式、哥特式、摩尔式、埃及式、拜占庭式等等。与此同时，折中主义建筑应运而生，演化出自由和浪漫的风格和形式，甚至与古典主义并存。同时代，依然有一些建筑师游历在意大利工业化的北方，仍然有许多现代建筑大师在游历帕提农神庙和雅典卫城，也许他们在笔记里书写下了符号学和现代建筑的启蒙。

也许旅行不会直接对设计造成影响，但是会起到潜移默化的作用，在旅行中的速写练习、写生与现场感受，是对建筑本质的体验：参观与测绘连接着每一个设计、每一个草图，丰富着建筑师的图像素材库和记忆背景。从康在埃及和希腊的旅行，到勒·柯布西耶的东方建筑之旅，再到阿尔瓦多·西扎往来于里约热内卢、罗马和多个欧洲的港口的旅行与速写，这是一场"文化视觉之旅"，展现着大师们在笔记本手绘的图像和艺术情感。事实上，当现代技术出现在大家面前——摄影令很多建筑师着迷，从而耗用大量时间和精力在摄影上，以获得动人的影像。但相机无法取代手绘的草图，实际上摄影可能有助于表达不同的意境：从卡尔·弗里德里希·辛克尔（Karl Friedrich Schinkel）的大型写实意大利风景油画（Vedutismo），到勒·柯布西耶的符号化绘画作品，到哈德良别墅，到庞贝。

阅读制图的专著，一定程度上是对旅行经历的补充。让·雅克·勒昆（Jean-Jacques Lequeu），作为艾曼·考夫曼（Emil Kaufmann）重点研究的三位革命性建筑师之一，生长于一个以伟大旅行和探险为风尚的年代。当时，这种风尚不仅在艺术家群体中弥漫，也在建筑师中风靡。让·雅克·勒昆旅行至巴黎，待在他所暂居的阁楼上，不停地记录和绘制着他所看到的外部世界。另一方面，他以惊人的想象力，在设计中呈现出梦幻般遥远国度的奇景。

也就是说，建筑师关于世界的视野，一方面来源于已有的学术资料，并代代相传、精益求精，另一方面来源于通过制图专著想象和借鉴遥远国度的建筑形式，如同穿越时空的界限，而非将全部精力投入在昂贵有时甚至是危险的旅行。

对我们来说，今天在书籍和期刊中阅读建筑，或通过旅行直接体验建筑的机会是较以往成倍增加的。但是我们通过影像认知的同时，很少有机会认真端详，或在看图时提炼重要设计原则，摒弃次要层次，整理建筑组成之间的逻辑。这可不只是老调重弹。所以，始终随身携带一个笔记本，作为"自我记忆的专属图集"，在宫殿前、在大街上、在图书馆，随身记录是一个很重要的学习方法，是建筑设计的基础。

这一系列过程是建筑设计思维的重构，灵感来袭，是我们通过对建筑的体验和记录得到的。当我们回到桌前，在白纸上绘画，不仅是记忆深处的想法，更是用经过熏陶的心灵来表达。

2.4

方法：解读建筑
Methods: to Read the Architecture

要了解如何绘画，必须先学习如何观察；要了解如何发声，必须先学会倾听；要知道如何阅读，必须先学会书写。所以，想学习建筑的构成，必须能够解读建筑。1948 年，布鲁诺·赛维（Bruno Zevi）写了一本名为《阅读建筑》（《Saper vedere l'architettura》）的好书。那本书，以一篇论文开篇，带有导向性。布鲁诺想给大家阐述一点，不仅对于建筑师，建筑的本质是受政治与伦理影响的空间，因此，赛维使用了一个术语"不懈的激情"(Passione) 来描述设计师的状态：设计者应当先树立崇高的公民意识，将设计作为神圣的使命，而后再对其进行系统的建筑设计教育。也许这本书没有涉及系统的建筑分析，又或者"系统"这个词本身并不是作者要阐述的重点，但在更多其他场合，在他的书籍、文章、讲座中，布鲁诺·赛维一直在探索"解读建筑"的模式与方法。

在一本关于米开朗基罗的书中，有个例子，是一个由他的学生制作的铁制模型照片：棱角分明的外观，由板材和长度相仿的铁管及半铁管构成。这一切材料的组合手法，让人联想起多纳托·伯拉孟特风格及米开朗基罗在圣彼得大教堂的做法。

建筑师必须有能力做到解读建筑这一点，有能力分解所有组合元素，有能力看穿建筑这一精密仪器的奥秘。在研究这座精密仪器时，要看穿它是如何运作的，是如何复制相关同类型建筑的，知道如何制作相似的甚至更优良的新建筑。

出于这个原因，我们回到赛维的论著（采用何种方式来分析是至关重要的），这是种"从观察到解读建筑"的学习过程，解读比观察来得深入。你可以先提炼出建筑的基本架构，看是否有方法分析其中的构成原则。阅读行为意味着分析大于描述。基于这一点，可以用三个动词来说明，看—观测—解析，我们通过系统的学习可以将自己的解读水平不断向"解析"方向提升。解析，属于科学研究的范畴，是一切科学认知的来源，而平时我们感兴趣的，比如读书写字，那是学习一门技术。科学和技术之间是相互促进的。比方说，现在，我们要先"分析"、后"实践"。

我们学习建筑语法的组合，如植物藤蔓语汇、柱基—柱身—柱首三段式构成、建筑组成的节奏与韵律、体量的组合，可以帮助对架构进行理解／读取，甚至将之作为基本构架理念的范本。

我们需要解答的问题有：（1）基本结构是什么？（2）建筑基础、建筑主体及屋顶的三段式是如何构成的？（3）立面的韵律感如何？（4）如何表达它的体量感？以上问题都是很好的探索起点。这就是科学家们所称为的"定义"的开始。

总之，对所有你感兴趣的建筑，按照以上的问题提问及整理数据，对于同类型建筑的数据比较，对于建立依照时间的档案，对于建筑类型学的研究，都是非常有用的。不仅如此，作为基本定义的出发点，因为我们已经阐述了四个问题，意味着分析的每个体系都有一个识别系统，如建筑基础、建筑主体、屋顶、外立面、体量（这是一种对传统建筑普遍的认知，但是，这种分析不能概括所有建筑类型，遇到特例无疑是很正常的情况）。

　　如果大家将兴趣点关注在解读的方法，而不是对某个特定对象的理解，则可以获得更加客观的视角来看待构成。法国凡尔赛宫是宫廷建筑，故而凡尔赛宫的立面柱廊构成的韵律是极为重要的，而对于建筑体量这方面就不是设计所要强调的核心了。弗兰克·劳埃德·赖特的罗比住宅的构成体系恰恰相反，着重建筑体量的组合，而立面的节奏和韵律感没有多少需要着墨之处。由安德烈·帕拉蒂奥设计的威尼斯救世主教堂 (Chiesa del Redentore) 门面布局，实际上体量的交叠形成四个主立面。这种分隔空间的"解析" 模式可以与密斯·凡·德·罗设计的巴塞罗那世博会馆相媲美。

PIANTA

SEZIONE

SCANSIONE VERTICALE

SCANSIONE ORIZZONTALE

STUDIO VOLUMI

SCOMPOSIZIONE PARTI

总之，撰写本书的意义，在于帮助认知客观世界和建立科学的研究方法，而不是为构建一个新的宇宙观。可是分析现有的世界的基础是建立一个知识资源储备库，呈现世间多样的空间解析法则。同时，建筑相关著作多种多样，包括散文、论文、小说、诗歌。对于这些丰富的体裁，读者应当有广泛的涉猎：自由地阅读建筑书籍，拓宽眼界，甚至阅读批判的持相反观点的评价。在这个过程中，读者需要达到只要一瞬，就对建筑本质架构了然于胸的专业能力，这是培养对建筑构成认知的最有趣的方面。

解析建筑的激情有时也会减退。关键在于你如何对某一领域长期充满热情，特别在了解了其他相关背景，或阅读了意见相左的评论类专著后。事实上，解读建筑是一种步步推进的过程，在原则上解析是没有极限的。比如你对该建筑结构了然，但缺乏相关的历史数据，或者仅收集了很少一些，这时你只需要将建筑放置在时空之中，即可从建筑经历的沧桑中读取蕴含在建筑灵魂中的史诗。

不幸的是，建筑史学家已经渐渐淡化在他们的著作中对解读建筑解构的指导角色[①]，而建筑师应担当起图纸和解读的记载者，建筑师的使命也变得更为重要，不但承载了文化，而且创造着建筑制图（Atlante）的历史。一定程度上，解读得一知半解，或解读得明白透彻，都是有益的做法，是有百利无一害的。

---

① 欧洲现代建筑教育体系是建立在以建筑历史为核心的文化、艺术上的结合当代新技术、新流派、新材料的学科。

当然，人类的好奇心是无穷的，而建筑历史的深层法则是相似的，设计原理相通，不同的建筑或许能回答同一个问题。

正如在前文阐述的那样，在研究过程中提出问题能够更好地启发科学的分析，这些问题探寻了建筑建造的过程。比如，采用了何种技术？建筑是如何绘就、勾勒、表现而成的？建筑师最初的模型或想法是什么，他们脑海中参考了怎样的架构，或是有何种期待？

在这一点上重要的是，要记住操作模式趋向于重建原始的设计思维，这也是著名的"建筑形态学"（Morfogenesi）的核心价值。所谓形态学，关注于"本质的形态"(Origine formale)，是从希腊语翻译而来。但我们希望它被理解为"本源衍化形态学"，这是一种动态的，在历史中不断生长的概念，将有助于我们理解一个特定的形式是怎样衍化而成的。

通俗地说，建筑师对于通过设计构思，在纸张上建立从无到有的设计景象，再到将方案付诸实际并雕琢上面的各个细部，都是怀着极大的兴趣的。本质上，相对于"解构学"的分解剖析，"形态学"的重建则采用一种反向的逻辑关系，"形态学"就如考古学家的工作，在探究本源。它开始于建筑的具体项目，完整地包容其中建筑赋予的复杂信息，追本溯源，探究深挖，将不同阶段的设计概念都反映到白纸上，一步步发现最初的抽象理念和设计核心。

93

这就如同考古学家的工作，揭开一层又一层泥土，分离一件又一件器具，并在同一时间描述、设想、解释每一层的历史渊源，定义发现的古迹的时空，在世界上给出一个坐标，重现一幅景观。

就像地理学家对地图的分析，历史学家所面对的历史地图是依照序列构成的。从今天的一切可以推测往昔，再从多种多样的线索里追溯曾经的景象。在这里，"形态学"有着抽丝剥茧的重要作用。

我们关于诠释建筑的历史构成与其今后的发展，以及对建筑形态的分析，都是基于对建筑师们的设计及对建筑进行分类研究的"建筑概念的定义"。

从"盎格鲁－撒克逊"模式，我们引申出一个术语——寓意，亦可解释为"思想"，但该语汇在建筑构成上具有更广泛的寓意：它是哲学的范畴，是思维的基础，是设计的出发点。我们要指出的"概念"（Concept）这个英文单词的词源（在历史中语言派生），来自拉丁语中的"Concepire"，意为孕育思维。在建筑方面，概念往往不代表思维的轨迹，而强调轨迹的成果，落实在一个方案、一个标示或一组图示中，暗示建筑要表达的寓意。在这一点上，理解建筑中包含的"思想"能帮助我们理解架构，即获得实际建筑的知识，又具有前瞻性，为未来的设计带来灵感。

我们上文提到的四个有助于"观察"建筑构成的问题，将有助于帮我们解决"定义"：它们是基本工具，只要你想，可以尽可能地解读西方世界的绝大多数古典传统建筑的组成架构。但真正重要的是要理解构成，重温建筑概念发展的轨迹，这一过程是理论和历史结合的过程，是思维与建造技术统一的过程。

　　但是，我们绝不能忘记，构成本身就是所有问题的答案，而我们就是通过科学的方法来揭开其中的奥秘。我们又要重申之前谈到的手绘，利用绘画与思维紧密联系，来探索建筑的寓意。

　　最后我们做个总结，怀着设计师的理想，理论联系实际，注重手绘，并由表及里去抽丝剥茧地分析西方传统建筑的构成。我们所介绍的是基本分析工具，而这一切的基础是良好的设计习惯和丰富的实践分析经验。

附录：
建筑结构的构成
Appendix: the Structural Forms

　　我们要分析结构，首先要明晰建筑组成的元素，在西方传统建筑的案例上分类，比如弧的构造函数、由两个柱子制成的梁架结构、天花板、墙壁等等。引用马尼奥·萨尔瓦多里（Mario Salvadori）的话来说，这些结构的功能，就是对人类科学辉煌成果的再现：人类如何发明创造，使得建筑物耸立不倒，稳定地挑战万有引力定律，架设柱廊、门廊、建筑物，构筑房间、拱形圆顶和高耸的塔楼。

　　很明显，每一种结构都首先符合功能的需要，另外还要解决建筑构造的技术问题。宏观来看这是一种历史常态。几个世纪以来，每一种结构都源于对数学的研究和对几何形状的分析，通过科学的探索，对每一种建筑采用特定的结构模式。这是物理力学的范畴，也是建造材料的科学。然而，这一切也带动了建造工具以及机械科学的发展。所有建筑文明的建筑形式，在建筑结构取得巨大崭新突破后，对建筑构成都具有革命性的改良，即提供新的模式，让建筑师向世界展现他们的作品。

　　即使是同一个对象，从不同的角度看到的效果也是完全不同的。我们将论述的不仅仅是建筑结构元素的构成体系，还要讨论怎样通过结构体系本身诠释美学的效果。我们将其中的科学道理意译为"以稳定的方式来挑战万有引力定律（重力作用）"。

结构性的元素多种多样，如梁、框架、墙壁、柱廊、拱门、拱券、穹顶、板材、网格体系等等。我们将选择其中一些在下面简要论述，包含其中的结构原理和各构件的组成方式两方面。

　　首先说明一些普适规则：结构形式的核心是科学法则，在某种意义上说，平衡的本质是抵消荷载，即作用力与反作用力相等。

　　如前所述，建筑物是一个挑战地球重力的工程。莱昂·巴蒂斯塔·阿尔伯蒂 (Leon Battista Alberti)，为了在 15 世纪解开建筑艺术结构的编码，撰写了专著《荷载的传导》(*Spostamento dei pesi*)和《体量的衔接与组合》(*Niu nione e la congiunzione dei Corpi*)。西方建筑历史，也许源于第一个推起了一块大石头，并将其设置在两个原始时代的支柱石材之上的人。这一简单的建筑模式（两根竖向石柱，与顶部横向石梁）是一个挑战重力非常重要的技术起源。

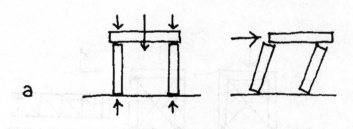

我们之前提到的石材为主导的构造（Trilite）系统是一个用于证明推力概念的结构形式：梁具有承受重力荷载的能力，并将承受的荷载重量向下传导。在重力作用趋于到达地面时，由两个垂直支撑来平衡荷载。在（Trilite）系统中没有涉及水平方向的推力，当可能受到其他方向上的水平力时，水平推力作用到某个位置从而门楣的平衡状态很可能被破坏。

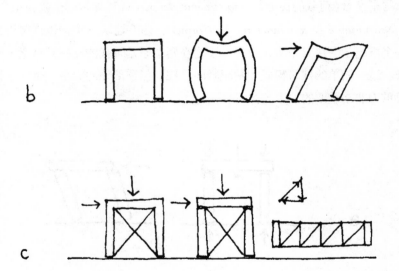

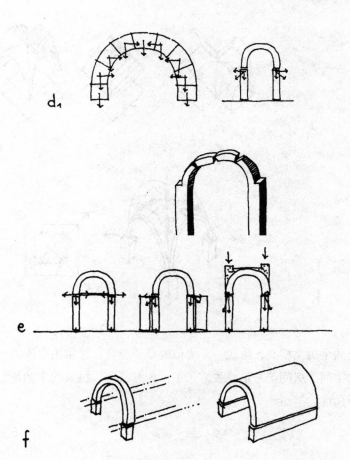

d₁

e

f

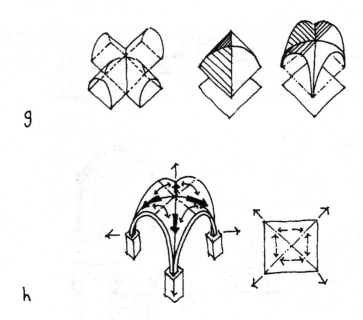

g

h

当两个拱顶相交，形成一个类似的亭子组合，通常用来覆盖一个四边形的空间（房间正方形或长方形），如图所示，拱顶的主轴是给定部分沿对角线的剖切线。

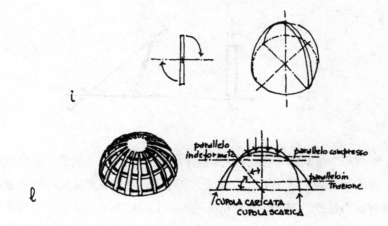

i

l

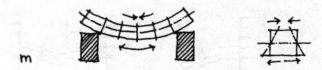

半球形穹顶，是最简单类型的圆顶，由一个圆拱形旋转产生，在几何形状上形成中空的球体，有中轴对称的纬线和经线。

m

我们曾经说过，承受垂直荷载的穹顶，一些相接之处被压缩，另一些则被牵引。上文中，我们已经介绍，涉及的建筑元素已经产生结构性的支撑作用，受到两个基本的应力：拉力和压力。如果我们想象一下，让 (Trilite) 系统结构中两个垂直支撑横梁的立柱——如木材和想象中的承重梁系统，我们也可以将穹顶趋向于∩形——向下凹，向上凸起变形，那么在这种情况下，该系统（一个变成凹形）的上半部分被压缩，下半部（一个变凸）发生倾斜。

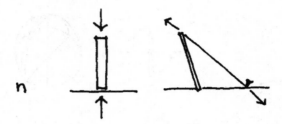

n

压缩应力是从两个相反的方向上对杆件产生压力（例如，放置在地面上并承受荷载的柱子），是超过一定范围，对建筑产生破坏的元素，而拉伸应力是被拉的元件受到相反的方向上的应力（例如，一个用于用于拉伸帐篷的钢丝绳）。还有其他压力，如弯曲杆件（它受到工程做法的约束）、悬挑、扭曲和切割，它们所受压力和应力的正确和准确的验算可参考科学工程技术手册。

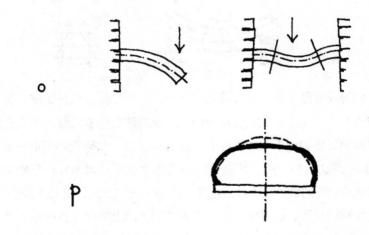

o

p

q

r

s

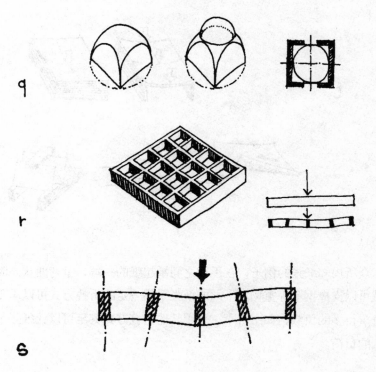

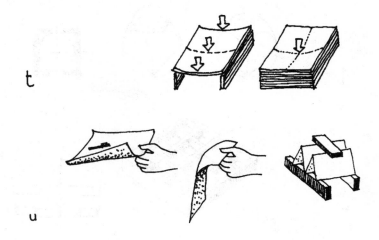

　　众所周知纸张的例子，在手指之间举起纸的一端，呈弯曲状态时纸张就可以支撑钢笔等重物。不同的纸张采用一定的折叠方式可以承受比自身重得多的负载，如图所示，采用其他折叠方式甚至可以让纸张承受更大的负荷。

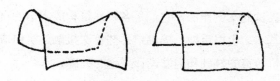

结构形式能够主导承受荷载的能力，在某种意义上说，是它们的形式而不是材料赋予其荷载的承受能力。例如混凝土楼板，你可以让它们弯曲，使它们更具备承受荷载的能力：这就涉及两种曲面的形式，即可展曲面（如半圆柱形拱顶），以及非可展曲面（如半球圆顶或鞍形双曲率拱顶）。

结构形式，西方建筑史从古代的第一座巨石叠加的梁柱系统到 20世纪薄壳系统，是具有传奇色彩的。当时，工程师和建筑师竞相制定了复杂且耐久的形式——大胆的能够覆盖广阔空间的非常薄的混凝土板。在实验般的几个历史时空强烈交织在一起的今天，寻求新的建设性的解决方案是建筑师们乐此不疲追求的方向。

第三章 规则
Rules

  我们提出以下简单的规则，可以让读者在很短的时间（三刻钟）以内自己尝试的案例作法，它们是各种建筑构成术语的直观反映。这些技法非常基本、也很重要，提供给那些首次接触建筑组成问题的读者。它们是建筑教育的基础和启发设计兴趣的关键。

  这本书集合简洁的设计规则，在此基础上演化新的构成组合：既包括了西方传统建筑的构成模式，又延展到现代建筑的规则。尝试不同规则的过程强化对设计的空间感，在学习中是始终必要的。

墙：自由的灵感，源于弗朗切斯科·波洛米尼①
The Wall: Freely Inspired by Francesco Borromini

制作此页面上的图形，可以用一大块纸板剪切而成，等分五块。

我们得到五个条带状的纸板后，可以采用不同的方式对它们进行镂空，或者以不同的角度进行弯曲，或者不改变纸板本身的性状，而在三维空间上转动，改变空间坐标的几何定位。通过以上多种方式，属于平面的纸板拥有了空间物体的特性。

这种技法算得上是墙壁构造的雏形，具有墙壁基本的围合功能，并各自具有独特的风格。各具特点的纸板可以由抽象的设计概念，转化为具象的空间和场所中的外墙和隔墙，如公寓内部的隔墙、沿街建筑物的外墙等。

选择最佳配置后，就可以绘制墙体的平面和剖面。这里我所绘制的五个案例并不包括所有墙的可能，它们的作用是在概念上进行诠释，以及启发读者综合考虑如何在平面和空间上拓展墙体在建筑中扮演的角色。

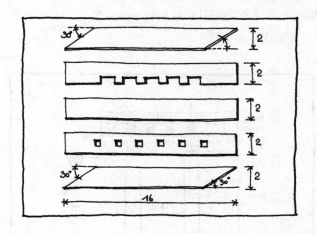

---

① 弗朗切斯科·波洛米尼（Francesco Borromini，1599—1667）：意大利巴罗克艺术著名建筑师，与建筑师乔凡尼·洛伦佐·贝尼尼（Giovanni Lorenzo Bernini）并称意大利巴洛克建筑设计巅峰级大师。其设计的最经典之作是位于罗马的圣卡罗大教堂（San Carlo Alle Quattro Fontane，1650）。

支撑体系：自由的灵感，源于雅各布·巴罗齐，维尼奥拉柱式
The Support: Freely Inspired by Jacopo Barozzida, Vignola

在这里，我们对于柱式组成秩序的研究将不包括台基。柱式模数分为20M值，其中每个部分都依据相应的模数。塔司干柱式分为12个部分。在整个柱式的立面上，各个部分的组成依据和谐的比例。设定不含任何线脚装饰的柱子主体为14M分值，这是一个主体模块数值。1M分值模块对应柱式的装饰、柱首和柱基，这都是柱式的基本组成部分。柱首与柱基一样，都是 1M 分值，门楣 1 ½ M，檐口 1 ½ M，总共加起来整个柱式的模数值为 20M。

依据维尼奥拉的规则，正如我们之前所探讨的比例定制，柱式的主体定为14M分值。这种由维尼奥拉理论所演化出的柱式比例分割也反映在文艺复兴后期多立克式柱廊中，给定柱式的高度与直径之间的规则，来创造和谐的比例。

举例说明，如果你要设计由八根柱子组成的、高15米的多立克柱廊，首先需要定义每根柱的直径。

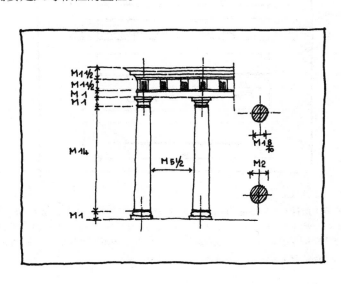

体积：自由的灵感，源于赖特的"自由立体构成"
The Beam: Freely Inspired by the "Froebel Cubes" of Wright

　　建筑设计的传统基于体量构成。在西方建筑设计悠久的历史中，基本的几何体量元素始终是激发设计师灵感的源泉，它们也是现代设计的着眼点。用此页绘制的立体构成元素，你可以做出无穷的空间体量组合。

　　体量本身是静态的，建筑本身也是静态的，但是通过组合，通过选择不同的角度来观测，比如轴测—透视—在其中出现的平行、融合、交叉，可以产生丰富的效果。单独观察某一个纯粹的几何形体，以轴测的形式，其表现的效果都是垂直方向上的稳定结构。

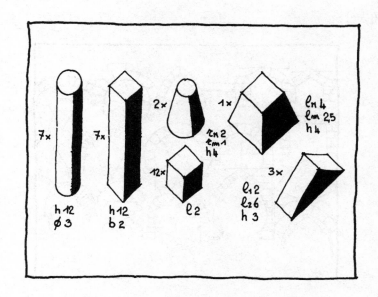

3.4

拱券：自由的灵感，源于埃德温·L. 勒琴斯[①]

The Arch: Freely Inspired by Edwin L. Lutyens

　　拱券的结构有大量的学者进行了研究，关于它们的配置、它们的形式、它们的组合，有系统化的分析，并且进行了分类对比。在西方传统建筑物中，拱券是反复出现的经典。拱券以丰富多样的形式赋予建筑生命。在本页面，我们罗列出类型丰富的拱券，可以比较它们之间的异同，及不同的风格和特色。

　　我们可以想象一下，例如在欧洲城市，某一种拱券的类型不断地在城市的步行街廊道中出现，这一重复的元素主导整个城市的步行街。

　　现在回到我们下图所示的拱券中，当然你可以通过透视和轴测两种视角去分析。

110

---

　　① 埃德温·L. 勒琴斯（1869—1944）：被认为是英国最伟大的建筑师之一，擅长用古典元素融入同时代的设计。

系统：自由的灵感，源于让·尼古拉·路易斯·杜兰[①]
The System: Freely Inspired by Jean-Nicolas-Louis Durand

本节是关于建筑模数制度的研究，即研究在系统化的框架下组合一系列约定俗成的专业体量尺度构成。保持其形状和尺寸可以用于各种专业性的建筑物。

图书馆是一个典型的模块系统化的建筑类型，也是可供我们探讨的优良范例。图书馆具有功能强大的模块化尺度。在本页的图示中你可以看到图书馆内部某些预制系统。预制模块系统是有用的，它们彼此之间也可以相互协调，犹如西方语法中简单的字母，用以指导如何配置每一个空间的良好的功能。

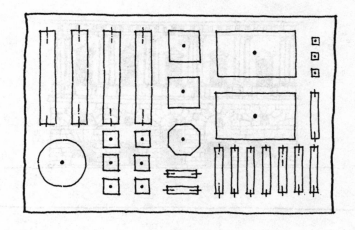

① 让·尼古拉斯·路易斯·杜兰（Jean-Nicolas-Louis Durand，又译：让·尼古拉斯·路易斯·迪朗，1760—1834）：欧洲杰出的建筑学家和建筑教育家，他对新古典主义建筑理论的拓展，具有里程碑的意义。他著名的两本专著包括：《建筑类型学研究汇编——古典与现代》（The Recueil et Parallèle des edifices de ttout genre, anciens et modernes），及《巴黎综合理工大学建筑学概论》（Précis des leçons d'architecture données à l'École polytechnique）。

从基础到柱首再到檐口的序列：
自由的灵感，源于拉斐尔①

Base-Body-Crown Succession: Freely Inspired by Raffaello Sanzio

　　从文艺复兴三杰之一的拉斐尔所设计的建筑立面（即下图所示），我们可以明确地看到传统建筑基础、主体、檐口的明显界限。所以从工程的角度来说，首先是建造基础，但是从设计的方法来说是要均衡这三者的比例，这种比例可以决定三段式哪一段轻哪一段重。往往基础都给人以厚实稳重的形象，这些都是常见的建筑语汇，古已有之。

---

　　① 拉斐尔·桑乔 (Raffaello Sanzio, 1483—1520)：意大利文艺复兴"三杰"之一（另两位是米兰开朗基罗和达芬奇），伟大的画家、雕塑家、建筑师。

3.7

韵律与节奏：自由的灵感，源于莱昂·巴蒂斯塔·阿尔伯蒂
The Rhythm: Freely Inspired by Leon Battista Alberti

  鲁切拉宫，建于 15 世纪中叶，它的立面以富有韵律感著称，按一定的节奏组合重复的建筑元素。立面的组成体现了文艺复兴的精髓，是人文主义的典型架构。建筑师设计的立面由基础直到檐口都有着音乐般的和谐韵律感，而其内部也遵循这一规则，奠定了文艺复兴时期立面组合的韵律原则。

  我们可以看出阿尔伯蒂用典型的三段式来构建整个立面，整体是统一的，在每一段上有各自的细节变化和比例调整——从整体和局部来看，是建筑语汇多样统一的结合。这种韵律是在建筑基础、建筑主体、建筑檐口中不断重复出现的。毋庸置疑的是基础的韵律决定上面两段的韵律。

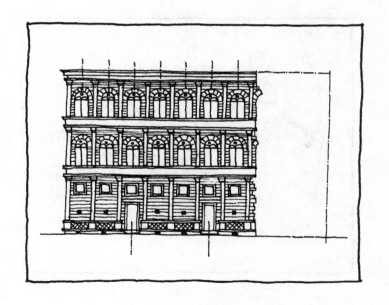

体量的构成：自由的灵感，源于安德烈·帕拉蒂奥
The Composition of the Volumes: Freely Inspired by Andrea Palladio

　　了解建筑的一个有用的方法是把它分解简化为简单体量的组合。安德烈·帕拉蒂奥设计的著名别墅之一：维尼奥拉别墅（La Rotonda），尤为反映出几何体量的构成。

　　您可以通过分解来研究建筑物，理解何为基本体量，并研究不同的几何形体是如何组合在一起的，并在分解的过程中研究它们的关系。这种分解的过程同样可以启发一个人组合这些体量的灵感，组合简单的几何体（从 16 世纪中叶这种几何体的组合对别墅设计产生了巨大影响）同时也是我们在本书中探讨的关于配置构成的要点。

3.9

轴测法：自由的灵感，源于安德烈·杜·切卢①
The Axonometric: Freely Inspired by Andre du Cerceau

轴测法反映一种实体的尺度，不仅仅是在平面上的，而且在体量上描述着物体外在尺度，从这种角度来说，立面只是在二维描述建筑物。如果您想绘制轴测图，通常的做法是：只需要将建筑物的平面在二维的平面上旋转30°或60°，然后向上方延长与水平方向垂直的垂直线，同时要注意的是：垂直线的长度要对应物体本身实际的比例和尺度。

事实上，轴测与垂直之间的关系密不可分，尤其反映在轴测图中，它不但具有与透视类似的三维视角，而且也反映出与实际相符的准确的比例尺寸。轴测图的特点是平面放置不同角度会产生不同的轴测效果，反映出建筑的结构特征。以下面示意图为例，当我们将同一建筑以不同的角度旋转时，呈现出完全不同的建筑表达。建筑通过三维轴测呈现的是一个多元多维度的综合体。

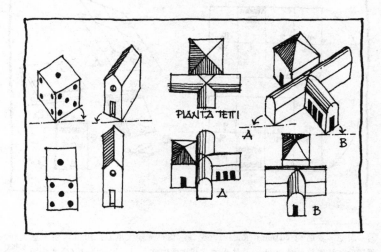

115

① 安德烈·杜·切卢（Andredu Cerceau，1510—1584）：法国伟大的建筑师、雕塑家。他为法国弗朗索瓦一世设计了传世之作：卢瓦尔河谷城堡群中的香博堡（Châteaux）及其美轮美奂的几何式古典主义园林。

一张纸片的旅行：自由的灵感，源于詹尼·罗达利[1]和保罗·奥斯特[2]

A Piece of Paper: Freely Inspired by Gianni Rodari and Paul Auster

在下面的图示中，我们可以看到一张 A3 尺寸的纸。我们以等分的方法折叠，可以折成 16 等分。现在我们将要向大家展现制造本子的简单工艺：当完成了等分的折叠之后，我们用剪刀将下沿减去少许，再沿中线装订。于是，我们得到了一个小小的笔记本。

这个 16 页的小本子，可以作为你城市旅行的日记，正如罗达利给我的启示一样，你可以在旅行过程中画出一个地方的抽象几何图形或者路径——圆形、矩形、螺旋、地图等等，或者记录一个著名的传说……让我们想象下这十六页旅行的见闻，它呈现了我们的旅行并保存了我们的设计灵感。

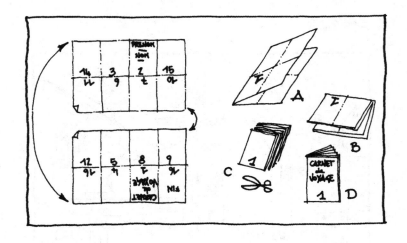

---

① 詹尼·罗达利（Gianni Rodari，又译：贾尼·罗大里）：1920 年生于意大利，1970年获得国际安徒生奖，是 20 世纪最伟大的儿童文学作家之一。代表作有《洋葱头历险记》《亚特兰大》等，打开了孩子旅行历险的想象力。

② 保罗·奥斯特（Paul Auster）：美国当代杰出小说家，其作品常以旅行记为题材，充满创意。

第四章　构成解析
Composition Analysis

　　这一章节提供构成解析的范例，包括十个历史性建筑或著名现代建筑案例。对于专业建筑设计人员，从书或杂志中经常会看到这些作品，而分析作品常常会受限于几行文字或图像，事实上这章的意义就是通过分析它们内在的规则，传递设计师的思想，关联我们的智慧。

帕埃斯图姆神庙，公元前 8—公元前 5 世纪
The Temples of Paestum, VIII–V Century B.C.

  帕埃斯图姆[①]神庙是建筑学常见的构成解析的范例，大概在公元前 8 世纪中叶—公元前 5 世纪中叶之间建成，有三座多立克式神庙，坐落在帕埃斯图姆城的一处神圣场地上。这座城市被古希腊人称为波塞冬尼亚（Poseidonia），在公元前 3 世纪成为罗马的殖民地。

  三个建筑物中最古老的一座，传统上被称为巴西利卡（Basilica），实际上是一个献给赫拉的神庙，最初配有一个亭子式屋顶，所以并没有山墙。三个神庙中距今最近的一座原本也是献给赫拉的，现在已变成海神庙。而中间的一座，现在被作为献给谷神的庙宇，其实最初是一座希腊人的雅典娜神庙。

  在 18 世纪中期，帕埃斯图姆被"重新解析"，在游学中到达这里的建筑师对这样三座彼此大相径庭的多立克式神庙的外观印象深刻。三者的区别不仅限于尺度和布局，也在于三种多立克柱的比例和形式，柱子的顶板、圆饰、柱身表现出迥然不同的风格。这意味着，一个同样的柱式（在 16 世纪由维尼奥拉的《建筑律例》所定义），在古代可能会随地域表现出多样性和差异性，换句话说，具有实验性。这一点在巴西利卡和其他两座寺庙柱子的比较中十分明显。巴西利卡的柱子随着高度收分非常明显，顶部直径远小于底部直径，并且中部尺度增加，在一半

118

---

  ① 帕埃斯图姆（Paestum）是罗马名，在此之前的希腊名为波塞冬尼亚。在公元前神庙中，是影响欧洲建筑史的重要案例。

帕埃斯图姆神庙，公元前 8—公元前 5 世纪

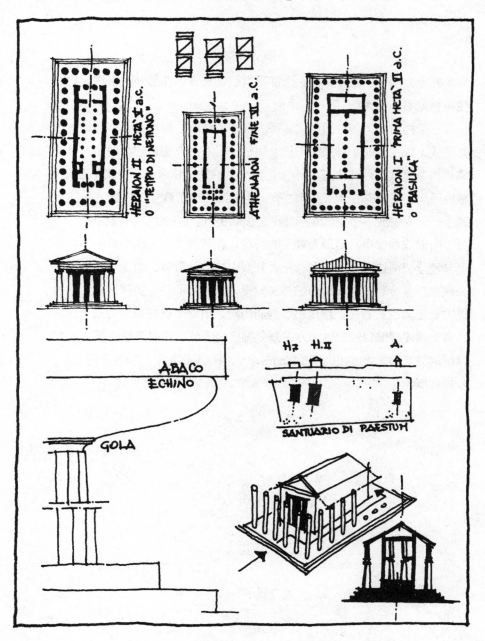

高度处尤为明显。此外，柱头下部带有植物装饰，在另外两座建筑物的柱头上则不存在。

三个神庙均为列柱围廊式，即为柱子所包围。赫拉第一神庙是一个九柱式（Enneastilo）神庙，正面9根柱子，在两个侧边柱数翻倍。雅典娜神庙，比其他两座规模都小，是一个六柱式（Esastilo）神庙（正面6根柱子），在侧边上有13根柱子。赫拉第二神庙矗立在一个三阶的台基上，上面安放一个正面6根柱子、侧面14根柱子的多立克柱廊。

内殿或神像室，是最为神圣的所在，在赫拉第一神庙中被一排柱子奇异地分成两边；另一方面，正面外观上柱数为奇数，造成与正立面的轴线完全重合。雅典娜神庙的神像室更简单，可能经过重建，正立面放置的是爱奥尼式石柱。赫拉第二神庙内殿，借助两排柱子分为三个廊，达到支撑屋顶的目的。这一方案划分神庙的区域，其内部空间影响了18世纪的建筑师，如皮拉内西（Piranesi），创作了帕埃斯图姆神庙的速写、素描和版画。

阿尔特斯博物馆，柏林，1825—1830
（卡尔·弗里德里希·辛克尔）
Altes Museum, Berlin, 1825—1830 (Karl Friedrich Schinkel)

对柏林阿尔特斯博物馆这样的建筑的构成解析，可通过体积分解的方法，或通过识别构成它的单个体量来进行。

从类型学的角度来看，辛克尔的设计从典型的博物馆布局开始，如同杜兰 (Jean-Nicolas-Louis Durand) 设计的一样：四个画廊围绕一个方形空间，中心为一个圆形建筑（融合了另外三个较小的画廊，垂直于四个主要的方形空间）。可以概述为：方形平面中的圆形大厅，在尺度上不断扩大，建筑整体布局面向前方广场。

辛克尔赋予他的建筑某种类型上的清晰性，也考虑博物馆将在城市中发挥的作用。

该建筑矗立在勒斯特加滕（Lustgarten），"整个柏林的最佳位置"，在城堡的对面，从而成为一个在象征性和政治层面上重要的立面对景。阿尔特斯博物馆的主立面，出于这一原因，展现为一个 18 根柱子的巨型（两层通高）柱廊。

柱子为爱奥尼式，典型的正立面柱式。如果说多立克式柱头的问题在于构造，而科林斯式柱头在于其三维性，爱奥尼亚式柱头则有两个正面和两个侧边，某种程度上是二维的。18 个支撑物犹如 18 名部署为一排的军人，而如果它们是科林斯柱式，人们则不会有这样的感觉。

立面具有精确的对称性，通过包裹圆形的立方形体量以及打断基础的台阶得到强调：这两个元素的宽度尺寸都精确等于整个立面展开的三分之一。侧面和背立面是古希腊式的，以大开口和多线角的檐口为标志。

　　正立面向广场开放，因此无论是纪念性的台阶还是导向空间都旨在构成朝向城堡的景观。

　　从勒斯特加滕北部方向进入建筑，可以穿过长廊并进入圆形大厅（在第一层），再到其回廊（在第二层）。圆形大厅，是冥想反思的场所和经典的三维空间设计，被柱所环绕，这一圈柱子显然是科林斯式的，中间穿插了古典雕像。

阿尔特斯博物馆，柏林，1825—1830
（卡尔·弗里德里希·辛克尔）

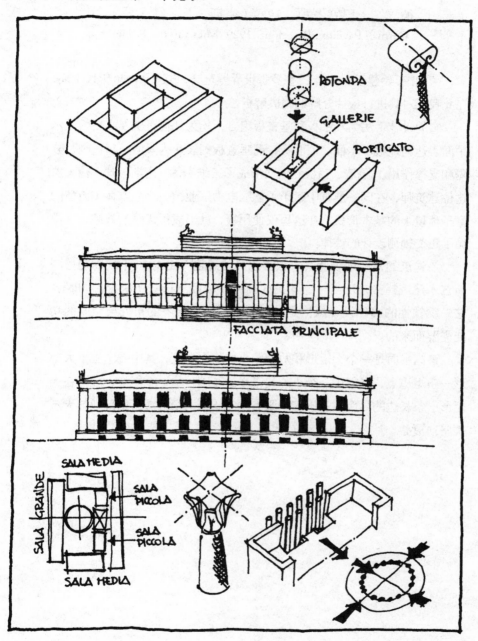

4.3

德国馆，巴塞罗那，1929（密斯·凡·德·罗）
German Pavilion, Barcelona, 1929 (Mies van der Rohe)

德国馆，始建于1929年巴塞罗那世界博览会，重建于1980年代中期，在此我们对其进行板片分解的构成解析。

它的设计手法为水平板和垂直板组合，均为几何正交。水平板及水平面表达为地板、水面、顶面板，而垂直板则表达为隔墙，起包围、分隔和支撑作用。隔墙、顶板和地面形成了三维实体。密斯·凡·德·罗这位建筑师，在同一展览中赋予了德国电力工业馆一个立方体（典型的盒子体量）的基本形式，在这里仅使用板，就形成了优雅的效果，并遵循了正交轴测设计的铁律。

该建筑纲领性地表达具有很强的简约风格，由1920年代后期德国新艺术建筑趋势，及当时德国正面临的严峻经济形势所决定。同时，这一纲领性的简约设计风格是针对一种需要被疏解的布局与空间的功能需要而来的。

该馆平面是一个大矩形和两个较小的附属建筑，其中一个位于大矩形一条短边上，展露出一个小的秘密水景花园，另一个矩形，放置在大矩形一条长边的尽头，适于容纳服务功能。这两个区域都由薄板与大悬挑屋顶覆盖。

德国馆，巴塞罗那，1929（密斯·凡·德·罗）

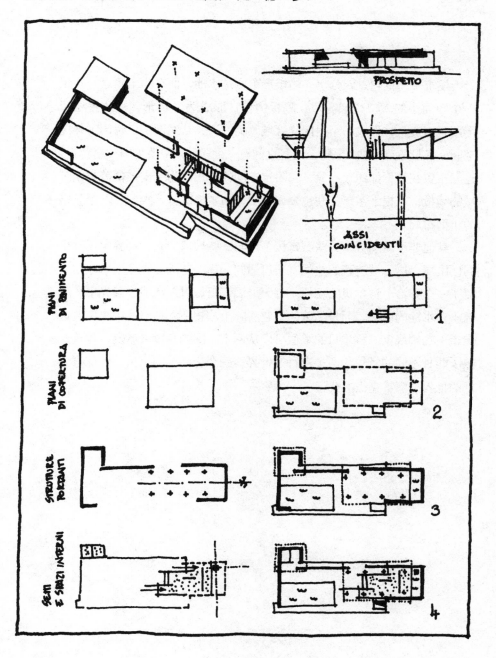

建筑平面上超过四分之一的矩形布局是水池，而在四个角之一则是一个短而小的入口楼梯。两条隔板折叠，形成两个 C 形，被放置在矩形两条短边上，形成一个封闭的区域。另一边，从对面一侧封闭了外部空间，将服务空间纳入其中。两者之间有一面隔墙。隔墙如同一道背景，连同布置在其下部的长石凳，起限定空间的作用。为了支撑覆盖封闭区域的顶板，八根十字形支柱也介入其中，布置成两行，实现了一个三格的小型布局。

　　其他非承重隔板（一些石膏板）连同一些玻璃门，帮助界定了整个封闭区域。这一被遮蔽的空间有出口通向一座小花园，在一个水池中布置了一个乔治·科尔贝的雕像。每天清晨，雕像可以沐浴在晨光下。雕像不在水池的中心，而是隐蔽的：它实际上放置在入口路线中央（侧边走道）的轴线上。科尔贝的雕像可以从两个不同的角度来欣赏，建筑开放了两种不同的场景、两个平行的世界，一个全部内向，另一个探索外面的世界，蒙锥克山的公园。

哥德堡市政厅扩建，1913—1936
（埃里克·贡纳尔·阿斯普伦德[①]）

Expansion of Gothenburg Town Hall, 1913—1936 (Erik Gunnar Asplund)

　　哥德堡市政厅的扩建，是一个瑞典建筑师阿斯普伦德从事了四分之一个世纪的构成问题。他工作的主要侧重点在于立面设计，也在于布局，还在于与现有部分历史悠久的立面的扩建的比较。在该项目的许多版本中我们分离出它的构成策略。

　　哥德堡市政厅大楼的立面中间穿插高大的壁柱，主立面朝向一条运河，它拍打着以国王古斯塔夫·阿道夫 (Gustav Adolf) 命名的广场。该扩建计划是主立面保持不变，而俯瞰广场的一边，则延长了一半以上。原建筑，确定将成为市政厅的一部分，有一个几乎方形的带院子的布局，而扩建而成的体量具有 C 形的平面，会议室的体量围合出"C"形空间，形成窄的矩形院子。

　　在 1913 年，阿斯普伦德阐释扩建，提出两条侧边重复相同节奏、保持原有朝向运河，形成主导性立面。然而在 1936 年，设计师提出了一个新理性主义的扩建，为了与附加的新古典主义立面进行对比，他决定性地　将主入口移至广场上。这两种设计之间，有近 25 年的辩论、竞标、不同的建议和讨论。其中，新的扩建总是跟新古典主义立面放在

---

① 埃里克·贡纳尔·阿斯普伦德：是 20 世纪上半叶极为著名的北欧建筑师之一，生于瑞士斯德哥尔摩。曾任斯德哥尔摩皇家科技学院的建筑系教授及《建筑新志》（Architectur）主编。其作品善于融合古代浪漫主义风格到国际性的古典主义，再到现代主义对于传统建筑精神的传承与保留及如何运用到现代建筑中，具有深刻独到的见解和广泛的学术影响力。

一起形成对比，它有 9 个由壁柱分隔开的跨度，是高度对称的，有一个大山墙的顶部，因此是一个完成并定论了的立面。

在 1918—1920 年间，建筑师团队设想建造另一个独立的立面，具有传统建筑经典的对称性：它不是一个真正意义上的扩建，而是一个独立建筑的体量，与已有建筑有层属关系（宽度小，有不突出的顶部山花）。

1935 年，建筑师提出了遵循现存形式的扩建：高的砌琢石基座上放置两根壁柱限定的多跨，并由多立克柱式装饰顶部。建筑师认为现有的立面应该是一个开放式立面。总体而言，设计的基调带有一种反古典的风格。

在 1936 年，设计师选择了一种不同的建筑语汇并开始实验一种栅格状立面，采用自由檐口和重复的壁柱产生的基本线条。最后的结果，就是"介于一个盒子和一个古典秩序初步图解"之间的设计。栅格（钢筋混凝土材质）仍占主导，但其由每个跨度的墙面组合出的效果，表现出很强的不对称性。

市政厅扩建，哥德堡，1913—1936
（埃里克·贡纳尔·阿斯普伦德）

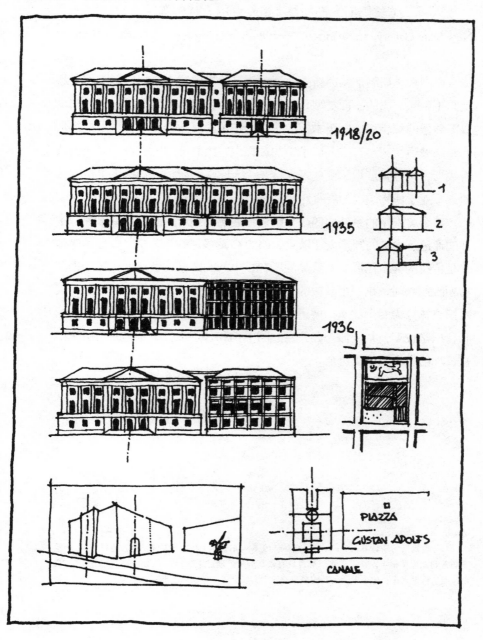

新国家画廊，斯图加特，1977—1984
（詹姆斯·斯特林[①]和迈克尔·威尔福德）

New State Gallery, Stuttgart, 1977—1984 (James Stirling and Michael Wilford)

德国柏林斯图加特的新国家画廊，是体量建筑组合的典型案例。从上向下俯瞰，它的平面类型是纯粹的正方形，然而在类型学上说，它是众多体量的综合组成。美术馆的入口是长长的双向楼梯，再往上是绵延的斜向坡道。在游客进入美术馆的过程中，由底部向上的路程呈现出波折线形，可多角度地感受建筑，这是令人回味的旅程，带给人丰富的体验，不亚于博物馆中的展览。

整个美术馆的系统由四部分组成：底层我们所提到的台基部分、中部的通道、中央的圆形大厅以及后部的 C 形多层建筑体量。C 形体块部分是传统的美术馆展览及藏品的所在，中间的圆柱体圆形大厅犹如古罗马剧院的功能，是一个开放的公共空间，并包括一个半圆形的坡道。美术馆整体分为四个层次：坡道、露台、圆柱形大厅以及办公室、图书馆和音乐学校等公共区域。办公室、图书馆和音乐学校也是第四个层次丰富、功能多样的体量集合。

---

① 詹姆斯·斯特林（James Stirling, 1926—1992），著名英国建筑师，也是 1981 年第三届普利兹克奖得主，在世界建筑舞台具有崇高地位。通过不断建筑实践探索，使后现代主义设计成为传世之作。他去世后，英国皇家建筑学会设立了以他命名的斯特林奖。

新国家画廊，斯图加特，1977—1984

（詹姆斯·斯特林和迈克尔·威尔福德）

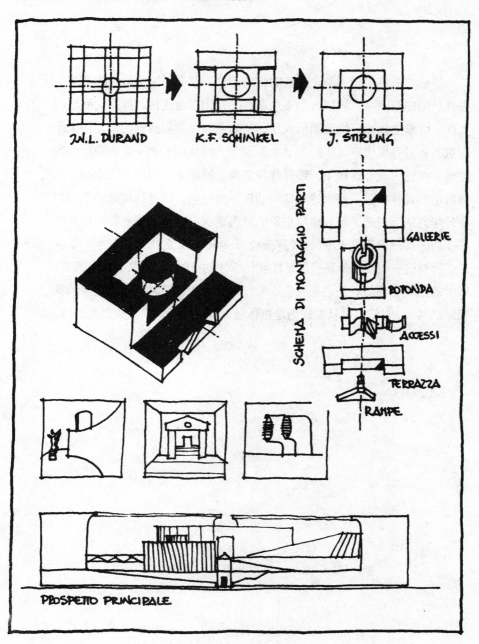

2.N.L. DURAND · K.F. SCHINKEL · J. STIRLING

SCHEMA DI MONTAGGIO PARTI

GALLERIE

ROTONDA

ACCESSI

TERRAZZA

RAMPE

PROSPETTO PRINCIPALE

复杂的坡道构建了整个建筑的台基部分，整合了向上行进的流线。在建筑师的草图中，坡道分为多个层次，并用露台连接，最后达到圆形大厅。C形的体量环绕着圆形大厅，犹如三面金属质感的山墙，使大厅的氛围更具有现代感。从C形体量到圆形大厅之间，有一个咖啡厅作为过渡。在这一设计过程中，设计师将古典的雕像立于圆形大厅中心。虽然坡道的设计打破了整个建筑统一的集合体空间，但是让建筑的空间得以升华，从而创造了载入建筑史册的著名建筑，令人联想到勒·柯布西耶在斯图加特魏森霍夫所设计的作品，有异曲同工之处。

　　所有这些组合都是具有创新性和传承性的空间体量。从细节上来说，巨大的建筑物涵盖着蓝色、青色、紫红色的管道，同时有黄色包漆的构架穿插其间，它们也可以被认为是在体量设计中大师们活泼点缀的游戏。

查理住宅，柏林，1981—1985（彼得·埃森曼[①]）
Residential House at Checkpoint Charlie, Berlin, 1981—1985 (Peter Eisenman)

20 世纪最后 20 年，在结构体系的组合中最常用的方法之一就是在水平面上的复合重叠。这个项目是一个综合项目，它不是单独的存在，而是要与周围的建筑交通产生相互关系，从一个空泛的设计平面上发展出多层面的系统图，然后建立层次结构和稳定的关联。

彼得·埃森曼在建造这座建筑的时候强调它的组合，组合成分包括了各种历史的痕迹，如考古的遗迹和历史的片段。在分层系统图中将建筑置于这些场景之中，并图示化，设计升华，再创造。这种设计的理念源于柏林的现状和悠久的历史，这是一个简单的事实，因为历史在这里曲折，柏林是一个重要的交点。

埃森曼面临的最迫切的问题就是，该建筑组合有一个孤立在外的部分，如何将各个部分形成一个紧凑的对应关系，以减少相互之间体量上和功能上的隔阂。他所采用的做法，就是在总平面上绘制通道和交通格网。

① 彼得·艾森曼（1932—），康奈尔大学建筑学学士，哥伦比亚大学建筑学硕士，剑桥大学博士。他曾先后在剑桥大学、普林斯顿大学、耶鲁大学、哈佛大学等校任教。他是纽约建筑师协会（"建筑界五巨头"之一）的领导者，是当今国际著名的前卫派建筑师。

这些网格会给空间设计提出各种可行性方案。整个建筑平面被放置在棋盘上，埃森曼保留了周围现有的建筑物，旋转网格和调整通道，使建筑群之间的关系有了新的定义。我们可以从最初的建筑群中看出，包括立方体、L 形等多种体量的最终配置会在空间上赋予简单的建筑体量以全新的含义。

因此，这栋大楼一个立面临科斯塔斯街（Kochstrasse），另一个立面朝向景观丰富的广场。也就是说，在平面上整个大楼以一个微微旋转的角度矗立着，然而在空间上临街的景观是过渡性和综合性的。利用网格体系来规划建筑，不仅仅是将建筑的空间结构串联，更是将城市历史街区的文化综合于时空的艺术。通过解读建筑外立面的设计，可以领会古典与现代的过渡、多元文化的融合。

在这种网格框架下，所涵盖的建筑空间旋转与历史街区改造并不仅仅是城市规划基础上的外在设计，在建筑的内部埃森曼也通过空间的错动，来设计楼梯和隔墙。

查理住宅，柏林，1981—1985

（彼得·埃森曼）

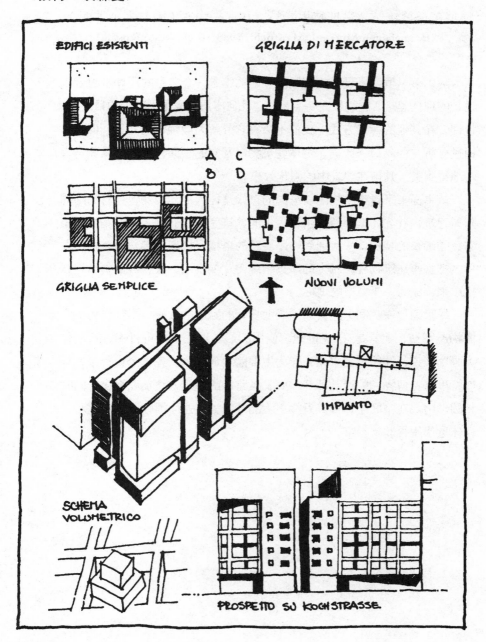

EDIFICI ESISTENTI

GRIGLIA DI MERCATORE

A C
B D

GRIGLIA SEMPLICE

NUOVI VOLUMI

IMPIANTO

SCHEMA VOLUMETRICO

PROSPETTO SU KOCHSTRASSE

博尼范登博物馆，马斯特里赫特，1988—1995（阿尔多·罗西）
Bonnefanten Museum, Maastricht, 1988—1995 (Aldo Rossi)

阿尔多·罗西所设计的博尼范登博物馆是一个典型的用体量组合来设计的现代建筑，它的最大特点是将"几何本质"运用于整个项目之中。也许，在其他的解读方式上我们不会将它分解为最纯粹的元素，但是，通过分析它的入口、大门、主体建筑物以及它的立面，我们可以非常直观地得到关于几何在建筑中的强化效果。

从平面上来看整个构图以纵向的直线路径为主，两侧包夹着高高的附属建筑，犹如高墙一般。中轴线上的建筑序列是通过一个陡峭的向上攀登的细长的楼梯，一直通到一个旋转的塔楼。楼梯连接着两个圆形主体，把整座建筑物在中轴上的序列组织得犹如音乐一般，从低到高地强化出来，成为一座城市的地标。

尽管圆形在空间上总会起到周而复始的延展的效果，尽管作为一个博物展览馆，尤其是在19世纪，使用圆形在理论上是可行的，然而作为画廊来说，往往不会采用它作为主要的几何形体。在这个设计中，马斯特里赫特博物馆的设计师将偏好长条路径的设计方法加以演化，同时将圆形附属在空间中，使其发挥更大的功能。在这个博物馆中，这种几何体量使用得非常频繁。

博尼范登博物馆，马斯特里赫特，1988—1995
（阿尔多·罗西）

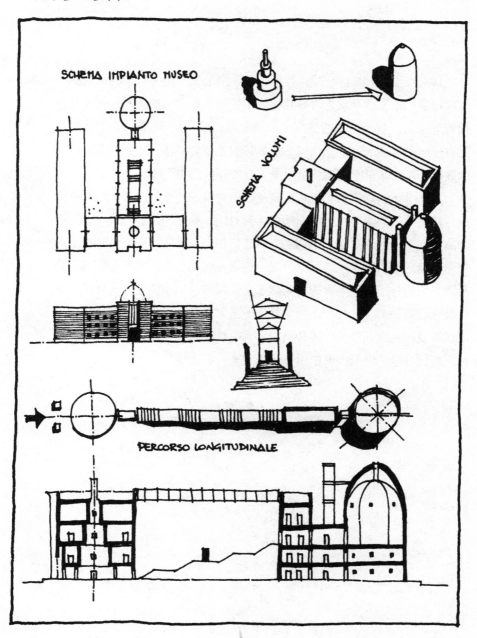

其实在 16 和 17 世纪时，博物馆在理念上依旧是平行架构的画廊，该项目也引用了这种理念，并且扩大了平行架构之间的关系。所以从俯视角度来看，整个博物馆是一个大写字母"E"形，两条侧向的分层机构衬托出中轴线上的主体建筑，从高耸的主要的塔楼一直到两侧功能性的建筑物，在体量上和功能上形成了有效的互补和呼应。

三个主体的异形结构建筑可以反映出建筑师在空间设计上的抑扬顿挫。建筑的外层主要由砖贴面形成各种对比，高大的建筑与楼梯之间的制高点与流线形成对比，小巧的入口与体积形成对比。同时主轴线上的两个端点之间人的步行流线上形成了错落有致的节奏，将整个作品推向高潮。它的外形尤其鸟瞰来看类似于盒子建筑，但事实上它的体量组合以及建筑的细部（如外墙上所用材质不全部是砖，还包括了各种涂层、涂料以及产生视觉效果的多种色彩和具有纹理的板材），使整个建筑在体现现代体量感之余，展示出现代艺术独有的风格。

穆尔西亚市政厅，1991—1998（拉菲尔·莫内欧[①]）
Murcia City Hall, 1991—1998 (Rafael Moneo)

　　穆尔西亚市政厅矗立在不朽的穆尔西亚广场的一侧，其正面临着一座巴洛克式的大教堂。这座巴洛克式大教堂犹如祭坛一般，完全由石头构成。所以，拉斐尔·莫内欧在设计这座市政厅的时候，也把它定义为一个祭坛。其简单的体量，丰富的功能以及石材贴面的外表，让整个建筑承担起城市标志的作用，同时，也统一了广场的空间，让广场三面相呼应。

　　在这种情况下来解读这座建筑，使我们的主题更加的集中。因为它的立面非常简单，而内部的组合又显得更为复杂，所以理解它的构成、揭示它的奥密是非常有意思的过程。

　　立面上柱子间距的变化，在四层中看上去是随机的，这是最初的观感，但实际上，除去制造视觉效果的柱列，我们可以发现柱子之间的缩进和位移完全取决于重力的合理分布。以轴线布局分布相关力学结构，依照荷载传导规律，竖向地均衡地传导力量，依此类推。

　　在高高的台基上有一个宽大的立面，内部无任何框架，只有简单的线脚装饰，其高度为整个立面的三分之一。在它的左右，实际上是一个

----

　　①　拉菲尔·莫内欧：西班牙建筑师，当代世界著名建筑师、建筑理论家、建筑教育家。美国 IAVS 研究员，普林斯顿大学、哈佛大学客座教授，瑞士洛桑联邦理工大学客座教授；1985—1990 年任哈佛大学设计研究生院（GSD）系主任；1996 年获得国际建筑师协会（UIA）金奖，普利兹克建筑奖，法国建筑师学会建筑金质奖章；2001 年获得欧洲密斯·凡·德·罗奖；2003 年获得英国皇家建筑学会（RIBA）皇家金质奖章。

强化的对称轴。在这个巨大的门洞两侧，可以看到每一层形成的柱子几乎都是对称的。

莫内欧的设计最根本的原则在于对力的传导。每一个支柱的截面都是正方形的，所以从基础开始，在中轴线的左右两侧对称放置，使力学上的传导是均衡的。除了边缘的柱子上下对齐外，每一层由上至下，主要的承重柱几乎都与主轴线相平行，所以这种位置是可以替换的，支柱向底层的力的传递根据这个规则，很容易创造丰富的立面效果。

穆尔西亚市政厅是将西方古典建筑的韵律感打破重构的成功案例。在分析该立面时，许多建筑师都评价该建筑是面向广场和大教堂的现代建筑乐谱。

穆尔西亚市政厅，1991—1998（拉斐尔·莫内欧）

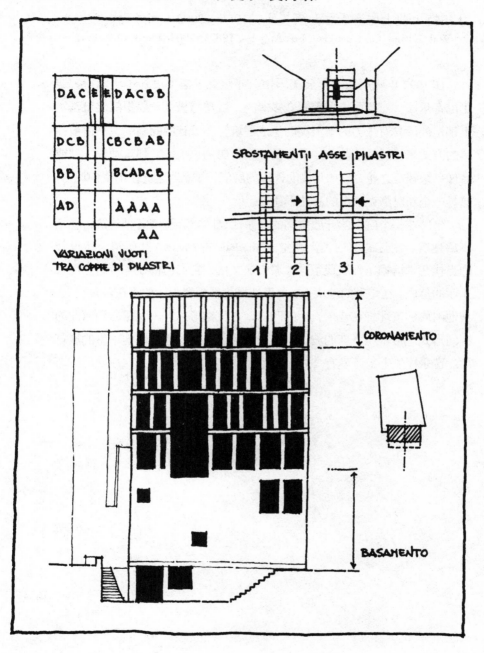

沃尔特·迪士尼音乐厅，洛杉矶，1987—2002（弗兰克·盖里）
Walt Disney Concert Hall, Los Angeles, 1987—2002 (Frank O.Gehry)

在 1992 年威尼斯双年展美国馆，弗兰克·盖里设计了沃尔特·迪士尼音乐厅。一整面墙覆盖着众多薄壳，雕塑感极强。盖里的建筑基本上都是外形具有张力的雕塑类的生成建筑，在设计中的隐喻似乎以最简单的方式来描述其形状，"就像是一个帆船的风帆，"建筑师说，"或者像一朵建筑之花，形如开放的玫瑰的层层花瓣，"建筑评论家们认为，这是一个新巴洛克风格的高技派建筑。

坐落在一个巨大的开放空间的音乐厅，四周环绕着各种建筑，包括高层建筑、附近的莫内奥大教堂 (Cattedrale di Meneo) 和矶崎新所设计的当代艺术博物馆都展现了这个城市的文化，它们仿佛在等待迪士尼音乐厅的落成。在矩形的地块上，盖里选择将音乐会大厅放置在对角线上，其他附属建筑环绕在音乐大厅的四周，并且在形态上出现扭曲和弯曲的空间形式。音乐厅下部的坡道可以引导观众，进入音乐厅地下室的展览厅。音乐厅的上部还设有公共的服务区域。

沃尔特·迪士尼音乐厅，洛杉矶，1987—2002（弗兰克·盖里）

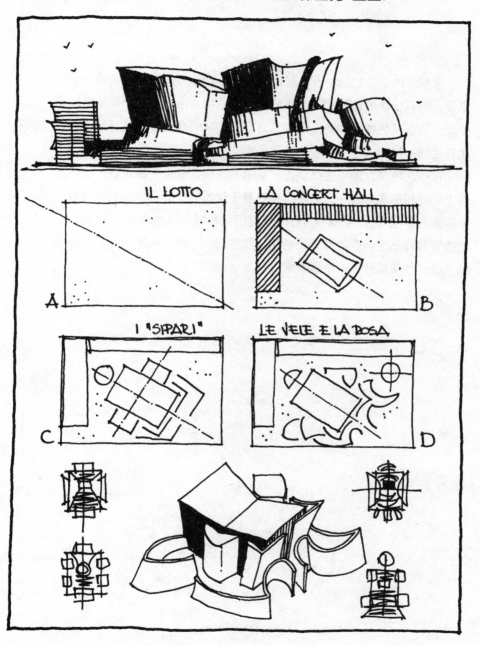

音乐厅的主体实际上非常接近方盒子，设计师的手法主要是加法和繁复。附属体块表面的塑造艺术的多样化，给人带来对整个建筑新颖的感受。所以从植物学的角度理解，方盒子形状的叠加过程就好像植物的生长过程一样。

　　在西北转角，盖里选择创造一系列钢幕墙。从总平面上看，这一方向上的附属建筑形成一个 L 形，让这整个建筑物的运动在不均衡中有一个均衡的参照点。它好像风中的帆，但仍保留城市特定的规则几何形状。这些帆和音乐厅包围的空间被利用来放置门厅、坡道和服务区，在对角线上设计师还设计了一个露天剧场。

西蒙斯大学宿舍，麻省理工学院，马萨诸塞州剑桥，1999—2002（史蒂芬·霍尔[①]）

University Residence Simmons Hall, MIT, Cambridge,
Massachusetts, 1999—2002 (Steven Holl)

在麻省理工学院，史蒂芬·霍尔设计的大学宿舍有 350 个床位和康乐空间（剧院、咖啡厅和一间餐厅）。所有整合与植入的校园：一大片空地、绿荫广场，被一些独特的建筑包围，其中包括著名的建筑埃罗·沙里宁和阿尔瓦·阿尔托的贝克楼礼堂。

在校园总体规划中，建筑沿周边空地一侧建造，皆为东海岸波士顿传统大学的代表风格。建筑师在选择中吸取灵感，从一个不同的概念，即"孔隙"出发。该想法是，以拓扑方法（基于气候和环境来制定建筑外在的几何形状）为基础，建筑的变化可以不仅仅取决于功能和历史模式的考量。设计中引入几何数学模型，带来了恒定规律下多维体量的分形变化。

霍尔设想实现在同一侧标有四个大型建筑物孔隙水平对齐，垂直对齐，对角线孔隙也成对应关系。

---

① 史蒂芬·霍尔（Steven Holl）：英国当代建筑师的代表人物之一，获得巴黎建筑学会最高荣誉奖章，为英国皇家建筑师协会荣誉资深会员。他的设计强调空间的巧妙处理，追求平淡中包含精巧的形式和内容，并衍生出丰富的设计内涵。

建筑师的灵感来自于整体的孔隙度：主体是一个巨大的盒子。其结构是根据预制系统的多孔混凝土和涂覆金属板的 60 厘米 ×60 厘米（60 厘米是平均数值）的网格结构，来强调的框架效果。单个单元包括 9 个方形窗户，布置形成一个正方形，每一个开口空间允许学生根据自己的意愿管理。

西蒙斯大学宿舍，麻省理工学院，马萨诸塞州剑桥，
1999—2002（史蒂芬·霍尔）

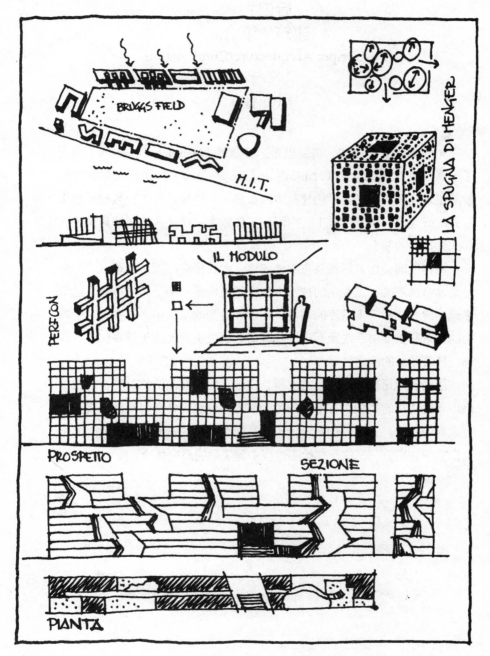

后记:
建筑 / 组合
Postscripe: Architecture/Combination

方式和素材

90 多年前，在柏林，海因里希·特塞诺（Heinrich Tessenow）出版了专著《建筑类型学》（*Hausbau und Dergleichen*），在意大利的标题被随机地翻译成了《关于构建基本的观察》。这是适合年轻教授特塞诺研究的好题材：提升建筑工艺内涵和工作效率，是使人们了解建筑设计形式和技巧的基石。

写作期间，作者足迹遍布欧洲各地，尤其是在德国，建筑形式的争论是非常激烈的：工业化的技术进步在建设中是一场无情的革命，这似乎成为建立新的宇宙秩序的前奏。在学界激烈的辩论中，很多具有影响力的文章和重要书籍脱颖而出。特塞诺的研究主要关注于解决住宅、装饰、建筑派系的问题。

用简单的语言揭示观察的本质，作者手绘小而简洁的草图，非常精确地表达建筑的类型。在书的末尾，作者对建筑设计类型推敲的实验持有崇高的敬意。总之，创新设计不只是建筑技术的发明，"更重要的是工作室中的实验"，这是在绘图过程中建筑师的研究体会。

"Hausbau"在德语中代表"盖房子"，"Und Dergleichen"属于拉丁术语，意思是相似的类型学，或表示"类似的事情"。很多人认为标题带有谦卑的语气：建筑之类的东西，这是更为直接的译法。这本书涉及维护特异性建筑学的问题。特塞诺似乎想要记住的建筑不仅是简单的造型、风格和语言，而是某种形式的激励、启发，以建设性的进程影响世界。

　　同时，特塞诺似乎明确地表达了现代技术与形式的矛盾关系。对他来说，技术是"发电机"，犹如一台机器，满足功能、生活、使用，都是独立的形式。特塞诺认为，现代技术和施工是一个飞跃，而技术追求严谨和理性，缺乏对传承文化的考虑。

　　在海因里希·特塞诺写作了《建筑元素评论》（*Le Osservazioni Elementari*）后，他任教于维也纳，与奥托·瓦格纳（Otto Wagner）、约瑟夫·霍夫曼（Josef Hoffmann）、古斯塔夫·克里姆特（Gustav klimt）和奥地利其他知名人士，如阿尔玛·马勒（Alma Mahler）、约翰·伊顿（Johannes Itten）、阿道夫·路斯（Adolf Loos）建立坚固的友谊。这本书，不像学院派的书，知识分子圈子的读物不会写得如此简单明了，但对于学生，一本 50 页左右的书，分析建筑元素的基本概念，是非常有用的。书评写道："我们首先需要能够重新捕获基本元素，在了解公理和定理的原则上，制定一个框架、一个步骤，建立一个从地板到窗口到天花板和墙壁的完整体系。"

窗、墙、框架，都是组合物的体系结构元素。

20年前在巴黎高等美术学院，教授朱利安·格兰迪（Julien Guadet）、托尼·卡尼尔（Toni Garnier）、奥古斯特·佩雷（Auguste Perret）拓展了从观察引入建筑类型的研究。格兰迪是建筑史上一位有点被遗忘的人物，法国学派曾将他与路易斯·康并称。现代和当代建筑文化是从20世纪思想论战开始的，经后期一代代学者的拓展逐渐系统化和成熟化。

然而，建筑元素理论在19世纪后期试图从头开始建立一个逻辑性的学习架构：它开始与规制定律的图形化结合，然后是建筑类型的法规，关系着建筑师的责任。

总体上，在这种情况下，占主导地位的是历史赋予建筑的社会意义。

朱利安·格兰迪为介绍其过程曾经写道：

该建筑体系非常清晰，非常精确，概括了建筑师对文化遗产的态度，对维护、修理、恢复建筑的所有角色的方法。建筑和建筑师在拉丁语中的起源是相通的，我们发现了建筑师的本质定义：集合精湛的匠人运用文化、艺术、社会自然科学来构建历史。

在学习和研究艺术的过程中，有许多从一开始就要学习的规则；我建议初学者的训练是基础研究，不涉及施工性的概念：我会告诉他们，这些概念是从建筑的形式中获得的。

格兰迪认为，在 19 世纪末，建筑形制已经在学科上形成了体系。特塞诺认为在 20 世纪之初，建筑形制已经融入现代技术的世界，它们由不同的设计师发扬光大，这是无可辩驳的事实。

"梁砖和拱券"

朱利安·格兰迪和海因里布·特塞诺都强调手绘是推敲的基础，是一切设计的开始。在建筑设计过程中，对建筑形体的构思、对建筑效果的设计，都需要通过手绘表现出来。因此，特塞诺尝试在原有教学基础架构中不仅专注实践工艺，更把构图形式作为教育的第一原则和目标。

关于建筑，设计师们总在思考"问题的来源，外形成立的条件，要追溯根源"。

通过手绘表现建筑，也是设计师需掌握的一项基本技能。这是事实，建筑形式的体系结构是建筑师的个人选择。在建筑设计方案阶段常用快速、概括的线条表达设计概念和构思。表面看似碎、乱的线条，实际上在色彩、空间层次上具有内在的逻辑性和审美倾向。事实上，建筑设计采取的某一种形式，是通过技术、模式针对目标对象在特定时间构成的。在建筑设计时，通常勾勒一些草图来展现设计构思，建筑草图的绘制是设计师完善设计方案的重要途径。

路易斯·I.康在1972年的一次演讲《爱的开端》（或译为"爱的开始"）中上演了建筑师和砖之间的有趣对话：

当你做砖或用砖设计东西时，

你要先问砖是什么或者想要什么，它就能做到。

如果你问它："你想要成为什么东西啊？"

它会回答："我想成为拱券。"

这时候你说，"但单个拱券是难以建立的，而且用砖价格昂贵。我
认为，类似的结构最好是使用水泥。"

但砖回答说："哦，我知道，我知道你是对的，但既然你问我想
成为什么，我想……我想成为拱券。"

在这一点上，你又问砖："为什么，你这样坚持？"

也许砖会告诉你，它为了具有支撑的功能：即使它只是小小的一块
砖，在不同排布方式下，它也能从围护结构变成支撑结构。

这意味着知道构造的原理，

你就知道事物的性质，

知道什么可以做。

砖的这个比喻特别有启发性。建筑的元素找到其存在的理由，在人类发明它的伊始，在历史上，在其成为规定形制后，不墨守成规就意味着能够识别它的本质和驾驭各种施工结构。

　　这是事实，我们可以生产砖梁，但现代数字建筑直接将材料从传统的工程作法过渡到材料新结构形式的无限可能。

　　我知道这个道理十分重要。材料技术、结构技术与建造技术体系的完善与进步，是设计的重要参考。从建筑设计实践和建筑设计方法论的角度来分析建筑外表面材料及其构造，通过对材料的特性及形式、具体实例、具体构造的分析，使建筑师对建筑饰面材料能够有清晰、系统的理论认识，这是真真切切的建筑系统设计架构。我们要养成一边思考具体的技术解决方案，一边决定建筑形态的设计思路。即使设计方案还有缺陷，还需要进一步推敲，依旧是学习的很大进步。

　　改变材料或改造建筑系统，保留元素原有形状，简单的形式（矩阵结构）却赋予了建筑结构的骨架，更给我们提供了建筑定制的规范。细部可以表达无尽的启发，元素被重新定义为整体。基础与墙体、柱子、房间、顶棚、穹顶、门窗以及屋顶，将众多建筑元素以新的方式相结合，得到了整体的突破。事实上，不仅是施工工艺决定元素的形式，某些形式也推进施工技术的革命。用于形式的演化让这种对应关系根深蒂固。

15 世纪的主流建材和基础架构都是石材。在 19 世纪，石材主要被用于地下室或城市建筑的一楼，不仅作为结构，也作为装饰。现代建筑中，装饰往往是石膏的工作，外墙贴面往往是较脆的材料和一些不大的石头。

同样的事情也发生于多立克式建筑：门楣是代表性的装饰元素，每个浅浮雕的场景各不相同，归因于雕塑家和画家卓越的能力。而现代建筑师关注的是建筑的空间和整体，雕刻等只属于建筑师的任务之一罢了。

从某个角度来看（其中一些有趣的历史著作，如由克里斯托夫·塞勒斯书里记载的），创世纪的故事是由莱昂·巴蒂斯塔·阿尔伯蒂、塞巴斯蒂亚诺·塞利奥和安德烈·帕拉蒂奥的故事开始的，以古老的形式为起源，后世的建筑承载对经典作品的效仿。

在设计的道路上，有无尽的灵感和有意思的创意，让我们在认知历史、创新思维、重新阅读建筑的过程中，前行。

参考书目
Reference

La composizione Architettonica
建筑构成理论

M. Wilkens, Architektur als Komposition. Io Lekti onen zum Entwerfen. La arquitectura como composición. Io lecciones para proyectar, Birkhauser, Basel 2000

J. Guadet, Éléments et Théorie de l'Architecture, Librairie de la Construction Moderne, Paris 1909 (ed. or. 1899)

G. Gromort, Essai sur la Théorie de l'Architecture. Cours professé a l' École Nationale Supérieure des Beaux-Arts, Éditions Ch. Massin, Paris 1942

F. Purini, Comporre l'architettura, Laterza, Roma-Bari 2000

G. C. Leoncilli Massi, La leggenda del comporre, Alinea, Firenze 2002

R. Busata, Piccolo manuale per affrontare un progetto di architettura, Gangemi, Roma 2002

F. Andreani, L'architettura sbagliata. Didattica del fare bene in architettura, Gangemi, Roma 2004

I. Macaone, Dallarchitettura al progetto. Costruzioni di conoscenza nel rapporto con la natura, Franco Angeli, Milano 2004

R. Palma e C. Ravagnati (edited by), Macchine nascoste. Dislipline e tecniche di rappresentazione nell composizione architettonica, UTET, Torino 2004

M. P. Arredi, Analitica dell'immaginazione per l'architettura, Marsilio, Venezia 2006

P. Angeletti, V. Bordini, A. Terranova, Fondamenti di Composizione arcitettonica, La Nuova Italia Scientifica, Roma 1987

P. von Meiss, De la forme au lieu, Presses Polytechniques et Universitaires Romandes, Lausanne 1986

P. L. Nicolin, Elementi di architettura, Skira, Ginevra-Milano 1999

E. N. Rogers, Gli elementi del fenomeno architettonico, ora uscite in edizione curata da C. de Seta presso Christian Marinotti Edizioni, Milano 2006

A. Forty, Words and Building. A Vocabulary of Modern Architecture, Thames & Hudson, London 2000 (trad. it. Parole e edifici. Un vocabotario per l'architettura moderna, Pendragon, Bologna 2004)

H. Tessenow, Hausbau und dergleichen, Bruno Cassirer Verlag, Berlin 1916 (ed. ampliata Munchen 1953, trad. it. Osservazioni elementari sul costruire, edited by G. Grassi, Franco Angeli, Milano 1974)

H. Robertson, The Principles of Architectural Composition, The Architectural Press, London1924

S. E. Rasmussen, Om at opleve arkitektur, G. E. C. Gads Forlag, Copenhagen 1957 (trad. it. Architettura come esperienza, Pendragon, Bologna 2006)

Le Corbusier, Vers une Architecture, Editions Crès, Paris 1923 (trad. it. Verso un'architettura, Longanesi, Milano 1973)

S. Holl, Parallax, Princeton Architectural Press, New York 2000 (trad. it. Parallax. Archiztettura e percezione, Postmedia, Milano 2004)

Borja Ferrater, Synchronizing Geometry. Ideographic Resources, Aaar, Barcelona 2006

Carlos Ferrater Partnership (OAB), Synchronzzing Geometry. Landscape, Architecture & Construction, Actar, Barcelona 2006.

F. Hearn, Ideas that Shaped Buildings, The MIT Press, Cambridge (MA) 2003

G. Pigafetta, Architettura dell'imitazione. Teoria dell'arte e architettura fra xv e xx secolo, Alinea, Firenze 2005

F. D. K. Ching, Architecture. Form, Space and Order, Van Nostrand Reinhold, New York 1996

F. D. K. Ching, A Visual Dictionary of Architecture, Van Nostrand Reinhold/John Wiley & Sons, New York1995

F. D. K. Ching e C. Adams, Building Construction Illustrated, John Wiley & Sons, New York 2001

A. Corona-Martinez, The Architectural Project, Texas A&M University Press, s. l. 2003

W. J. Mitchell, The Logic of Architecture. Design, Computation, and Cognition, The MIT Press, Cambridge (MA) 1990

J. Wojtowicz, W. Fawcett, Architecture: Formal Approach, Academy Editions, London - St. Martin's Press, New York 1986.

C. Steenberghen, H. Mihl, W. Reh, F. Aerts (eds.), Architectural Design and Composition, Tu Delft, THOTH Publishers, Bussum 2002

B. Donnadieu, L'apprentissage du regard. Lecons d'architecture de Dominique Spinetta, Éditions de La Villette, Paris 2002

P. Boudon, P. Deshayes, F. Pousin, F. Schatz, Enseigner la Conception Architecturale. Cours d'archztecturologie, Éditions de La Villette, Paris 1994

G. Motta e A. Pizzigoni, Les Machines de l'Architecture, in Idd. , Les Machines du Projet. L'Horloge de Vitruve et autres é'crits, Economica, Paris 2006, pp. 143-61.

L'idea Costruttiva
构造学

E. Benvenuto, L'idee constructive, in X. Malverti (ed.), L'idée constructive en architecture, Actes du colloque tenu à Grenoble du 28 au 30 novembre 1984, Picard, Paris 1987

A. Romano Burelli, in L. Semerani (edited by), Dizionario critico delle voci più utili all'architetto moderno, Edizioni CELI Gruppo Editoriale Faenza Editrice, Ravenna 1993

A. Monestiroli, La metopa e il triglifo. Rapporto fra costruzione e decoronet progetto di architettura, in Id. , La metopa e il triglifo. Nove lezioni di architettura, Laterza, Roma-Bari 2002

B. Zevi, Architectura in nuce, Sansoni Editore, Firenze 1979

J. O'Gorman, Abc of Architecture, University of Pennsylvania Press, Philadelphia (PA) 1998

G. Scott, The Architecture of Humanism: A Study in the History of Taste, s. l. 1914 (trad. it. L'architettura dell'umanesimo, Dedalo, Bari 1978)

J. -P. Epron, L'architecture et la règle. Essaz' d'une théorie des doctrines architecturales, Pierre Mardaga, Bruxelles 1981

K. Frampton, Studies in Tectonic Culture: The Poetics of Construction in Nineteenth and Twentieth Century Architecture, The MIT Press, Cambridge (MA) 1995 (trad. it. Tettonica e architettura. Poetica della forma architettonica nei xix e xx secolo, Skira, Ginevra-Mila no 1999)

J. -P. Chupin, C. Simonnet (éds.), Le Projet Tectonique, Infolio éditions, Gollion 2005.

A. Becchi, M. Corradi,F. Foce, O. Pedemonte (eds.), Construction History. Research Perspectives in Europe, Associazione Edoardo Benvenuto, Kim Williams Books,

Firenze 2004.

B. Addis, Building: 3000 Years of Design Engineering and Construction, Phaidon, London 2007

U. Barbisan, La ricerca dell'arcbetipo nelle costruzioni. Le ipotesi, un esempio: gli arcbetipi costruttivi Venezia, Franco Angeli, Milano 1994

U. Barbisan,R. Masiero, Illabirinto di Dedalo. Per una storia delle tecni cbe dell'architettura, Franco Angeli, Milano 2000

P. Donati, Legno, pietra terra. L'arte del costruire, Giunti, Firenze 1990

G. Pigafetta e A. Mastrorilli, Il decline della firmitas. Fortuna e contraddizioni di una categoria vitruviana, Alinea, Firenze 1998.

S. Di Pasquale, L'arte di costruire. Tra conoscenza e scienza, Marsilio, Venezia 1996.

V. Nascè, L'evoluzzone della forma strutturale nelle costruzioni del xix secolo, in G. Morabito (edited by), Dodi'ci' lezioni' di cultura tecnologica dell'architettura, Gangemi, Roma 2004

R. Gargiani, Principi e costruzione nell'architettura italiana del Quattrocento, Laterza, Roma-Bari 2003

G. Fanelli, Il principio del rivesti'mento. Prolegomena a una storia dell'architettura contemporanea, Laterza, Roma-Bari 1994.

C. D'Amato, G. Fallacara, Tradizione e innovazione nella progettazione/costruzione dell'arcbztettura: ruolo del 'modello'e attualztà della stereotomia, in Idd. (edited by), L'arte della stereotomia. I Compagnons du Devoir e le meravigli'e della costruzi'one in pietra, Compagnons du Devoir, Paris 2005

E. Torroja, Razóny ser de los tipos estructurales, Istituto técnico de la construccion y del cemento, s. l. 1960 (trad. it. La concezione strutturale. Logi'co ed intuito nella i'deazi'one delle forme, UTET, Torino 1966)

M. Salvadorie R. Heller, Structure in Architecture, Prentice-Hall, Englewood Cliffs (NJ) 1963 (trad. it. Le struttutre in architettura, Etas Kompass, Milano 1964)

R. J. Mainsone, Developments in Structural Form, Allen Lane/Penguin Books, Harmondsworth 1975

G. Pizzetti,A. M. Zorgno, Principi' statici' e forme strutturali, UTET, Torino 1980.

H. Petroski, Design Paradigms. Case Histories of Error and Judgment in Engineering, Cambridge University Press, Cambridge 1994 (trad. it. Gli errori degli ingegneri. Paradigmi di progettazione, Pendragon, Bologna 2004).

Le letture Compositive
解析建筑方法

B. Zevi, Saper vedere l'architettura. Saggio sull'interpretazione spaziale dell'architettura, Einaudi, Torino 1948

B. Zevi, C. Benincasa, Comunicare l'architettura. I. Venti monumenti italiani, Edizioni Seat, Torino 1984

A. R. Moneo, Inquietudine teorica e strategia progettuale nell'opera di otto architetti contempora nei, Electa, Milano 2005

Paolo Portoghesi, Leggere e capire l'architettura, Newton Compton, Roma 2006

P. Eisenman, The Formal Basis of Modern Architecture, Ph. D. Thesis, University of Cambridge, Cambridge (MA) 1963

P. Eisenman, Giuseppe Terragni. Transformation, Decompositions: Critiques, Monacelli Press, New York 2003.

S. Cassarà (edited by), Peter Eisenman. Contropiede, Skira, Ginevra-Milano 2005

G. H. Baker, Design Strategies in Architecture. An Approacb to the Analysis of Form, Van Nostrand Reinhold, New York 1989

G. H. Baker, Le Corbusier: An Analysis of Form, Van Nostrand Reinhold, New York 1996 (Ia ed. 1984)

R. H. Clark, M. Pause, Precedents in Architecture, Van Nostrand Reinhold, New York 1996.

J. Castex, Renaissance, baroque et classicisme. Histoire de l'architecture. 1420—1720, Èditions de La Villette, Paris 2004 (Ia ed. Paris 1990)

J. Taricat, Histoire d'architecture, Èditions Parenthèses, Marseille 2003

F. Di Falco, Stili del razionalismo. Anatomia di quattordici opere di architettura, Gangemi, Roma 2002

A. Rüegg, B. Krucker, Konstruktive Konzepte der Moderne, Verlag Niggli AG, Sulgen-Zürich 2001

M. Passanti, Nel mondo magico di Guarino Guari ni, Toso, Torino 1963

M. Passanti, Genesi e comprensi one dell'opera architettonica, in "Atti della Società degli Ingegneri e degli Architetti in Torino", n. s. , 8, 12, dicembre 1954

L. Vacchini (edited by B. Pedretti and R. Masiero) Capolavori. 12 architetture fondamentali di tutti i tempi, Allemandi, Torino 2007

Altri Riferimenti
其他参考书目

É. Péré-Christin, L'escalier. Métamorphoses architecturales, Éditions Alternatives, Paris 2001

G. Monnier, La porte. Instrument et symbole, Éditions Alternatives, Paris 2004

É. Péré-Christin, Le mur. Unitinéraire architectural, Éditions Alternatives, Paris 2001

T. Paquot, Le toit. Seuil du Cosmos, Éditions Alternatives, Paris 2003

S. Braunfels, Architektur für die Westentasche, Piper Verlag, München 2005 (trad. it. Architettura da tasca. Storia e arte del costruire, Ponte alle Grazie, Milano 2006)

J. Rykwert, The Dancing Column. On Order in Architecture, The MIT Press, Cambridge (MA) 1996

C. Thoenes, Sostegno e adornamento. Saggi sull'architettura del Rinascimento: disegni, ordini, magnificenza, Electa, Milano 1998

J. -N. -L. Durand, Précis des lec'ons d'Architecture données a l' École Polytechnique, Paris 1817—1819 (trad. it. Lezioni di architettura, a cura di E. D'Alfonso, CLUP, Milano 1986)

C. Chiappi, G. Villa, Tipo/Progetto/Composizione architettonica. Note dalle lezioni di Gianfranco Caniggia, Alinea, Firenze s. d. (ante 1980)

L. Sacchi, L'idea di rappresentazione, Edizioni Kappa, Roma 1994

F. Quici, Tracciati d'invenzione. Euristica e disegno di architettura, UTET, Torino 2004

M. Scolari, Il disegno obliquo. Una storia dell'antiprospettiva, Marsilio, Venezia 2005

R. Valenti, Architettura e simulazione. La rappresentazione dell'idea dal modello fisico al modello virtuale, Biblioteca del Cenide, Reggio Calabria 2003

S. Bracco, Disegno com. e. A mano libera con un occhio al computer, Testo & Immagine, Torino 2001
Y. Friedman, Pro Domo, Actar, Barcelona 2006

Eugenio Battisti, In luoghi d'avanguardia antica. Da Brunelleschi a Tiepolo, Casa del Libro Editrice, Reggio Calabria 1981

P. Kruntorad, L'occhio dell'architetto, Lotus International, 68, marzo 1991, pp. 123-8

A. Warburg, Mnemosyne Atlas 1929 (trad. it. Mnemosyne. L'atlante delle immagini: Aragno, Torino 2002)

E. Gentili Tedeschi e G. Denti, Le Corbusier a Villa Adriana. Un atlante, Alinea, Firenze 1999

Bruno Pedretti, La forma dell'incompiuto. Quaderno, abbozzo e frammento come opera del moderno, UTET Università-De Agostini, Torino-Novara 2007.

G. Ricci, La logica di Dedalo. Tecnologia, Progetto e Parole dell'Architettura, Liguori, Napoli 2001.

译后记
Translation Postscript

马可·德诺西欧教授所著的这本书面向意大利建筑学专业的本科学生，并被认定为意大利建筑学本科教育必备的参考书目之一。书中用简单易懂的语言、灵动的手绘，向学生们清楚地解析西方世界古往今来众多建筑师和他们的作品的内涵。

在编译这本书的过程中，译者对深刻的理论加以解析和注释。对多元的建筑流派及建筑师加以分析与阐述。书中提出发人深省的问题，培养学生如何看待传统，强调学生手绘的重要性，如何解析古往今来大师的作品，如何创造未来充满本土文化内涵的设计，如雅典神庙的排档间饰并非纯粹的装饰，而是源于古代木构神庙的结构；经典的古希腊神庙的平面，其实是由希腊人日常生活的住宅基本单元转变而来的；意大利建筑大师们很多都是旅行家；意大利目前建筑设计的教学致力于培养学生对未来设计的创新一定要基于对本土文化的精髓，等等。

意大利的古典建筑是世界的瑰宝，不仅诞生了米开朗基罗、帕拉蒂奥、阿尔伯蒂等设计巨匠，亦涉及意大利王朝的历史及闻名欧洲的宫廷建筑师，译者对许多在欧洲久负盛名的文艺复兴、巴洛克、新古典主义的建筑师作了注解，辅助我国学生的理解。此外，本书书后的参考书目整理了欧洲顶尖大学建筑学专业学生所必备的专业书籍，希望能对读者的西方建筑学延展阅读提供帮助。

衷心感谢东南大学出版社戴丽副社长、姜来编辑、魏晓平编辑对本书的关怀与帮助。感谢东南大学吴锦绣副教授对本书的关心与指导。亦感谢读者朋友们对本书中疏漏的不吝赐教。

姜清玉
2015 年元月